遇见消失的螺旋
——菊石

田莹　张晓宇　编著

中国农业出版社

北　京

前 言

P R E F A C E

这是一本科普读物，讲述了与恐龙同时期的海中霸王——菊石的故事。

菊石属于软体动物门的头足纲，是已绝灭的海洋无脊椎动物。

菊石生存于泥盆纪初期至白垩纪晚期。它最早出现在距今约4亿年的古生代初期，繁盛于中生代（距今约2.25亿年），广泛分布于世界各地的海洋中，白垩纪末期（距今约6500万年）绝迹。

根据已经发现的化石，人们通常将菊石分为6个目，76个超科，280个科和2000个属。它们是存在过的生命中最神秘、最迷人的动物之一，也曾经是海洋世界的霸主。

菊石和人类的关系十分密切，地质学家借助菊石来研究地质结构和了解地球，古生物学家用菊石来分类和定年。数学家分析它完美的结构，收藏家因菊石的美丽、稀缺以及形式多样性而视它们为珍品。通过对与菊石共生的动物群和发现的沉积物进行研究，有助于我们确定水温、盐度以及古生态系统的其他要素。另外，更多标本的收集和化石修琢技术的改进无疑会汇集到更多的信息，这会进一步加深我们对这些奇妙动物的认识。

大连贝壳博物馆位于辽宁省大连市星海广场，其建筑基于仿生学的设计理念，主题展馆的曲线形屋顶层层叠叠，犹如一枚静卧在海边的贝壳。大连贝壳博物馆总占地面积约1万平方米，建筑面积1.5万平方米，分为地上4层和地下1层，展出现生贝类标本近万种、数量5万多枚，另外展出古生菊石动物化石标本5000多枚，还有大量大型头足类塑化标本，其数量和质量在国内堪称绝无仅有，在国际上也实属罕见。馆内所有的展品都来自收藏家张毅先生30多年来的个人收藏。

笔者将大连贝壳博物馆的菊石标本整理、拍照，结合专业知识和传说故事编辑成此书，希望有更多的人了解贝类、了解菊石，特别是为广大青少年和化石初级爱好者提供理论学习的基础和材料，但由于笔者水平和时间有限，书中存在一些缺点和错误在所难免，希望广大读者予以批评指正。

本书得以顺利出版，衷心感谢大连海洋大学辽宁省一流学科（水产）、中国科学院战略性先导科技专项（B类）XDB26000000以及国家自然科学基金（41402018）的资助。吕屹峰和高怡洁出色的画技还原了菊石的部分形态和生态环境，大连海洋大学孙谦和在校研究生史令对照片和文字校对给予了协助，大连贝壳博物馆的工作人员张妍、于杨以及丁洪屹也给予了大力支持和协助，在此一并致谢。

张毅先生对贝类事业孜孜不倦的追求以及四十年的坚持是我们出版这本书以及工作和生活的动力。

谨以此书献给张毅先生。

田莹　张晓宇

2020年11月

目录

C O N T E N T S

前言

第一章　菊石的传说 / 1

　　第一节　希腊人的"阿蒙神石" / 4

　　第二节　英格兰人的"蛇石" / 5

　　第三节　"痉挛石"和"幸运石" / 8

　　第四节　"萨里格拉姆"神石 / 9

　　第五节　印第安人的"水牛石" / 11

　　第六节　中国古代的"笋石""宝塔石"和"风水石" / 11

第二章　菊石真面目 / 15

　　第一节　什么是菊石 / 16

　　第二节　菊石的外部形态 / 18

　　第三节　菊石的缝合线 / 23

　　第四节　菊石的彩虹色 / 28

　　第五节　菊石的软体部 / 32

　　第六节　与现生头足类的亲缘关系 / 33

　　第七节　繁殖能力 / 38

　　第八节　摄食 / 40

　　第九节　天敌 / 41

　　第十节　菊石的分类 / 43

　　第十一节　菊石在中国的早期研究历史 / 45

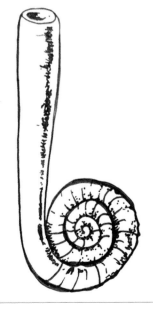

第三章　菊石的时代和种类 / 49

　　第一节　古生代 / 51

　　第二节　中生代 / 61

第四章　菊石在我们身边 / 99

　　第一节　菊石的灭绝 / 100

　　第二节　菊石的保存 / 102

　　第三节　菊石的发掘和处理 / 104

　　第四节　菊石装饰品 / 108

参考文献 / 110

菊石赞（代后记）/ 112

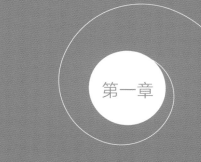

第一章

菊石的传说

菊石，大家对它并不了解，只是顾名思义，看它的名字就认为它是像菊花的石头，然而事实并不是这样。在古生物学中，菊石是一类已绝灭的海洋动物，它与现代海洋中生存的鹦鹉螺是近亲，它们与大家平时吃到的海螺和蛤仔一样，都属于软体动物。菊石隶属于软体动物门（Mollusca）的头足纲（Cephalopoda）菊石亚纲（Ammonidea）。

菊石是这个世界上存在过的最迷人的生物之一，它们曾生活于海洋之中，于白垩纪时期灭绝。它们的数量极其庞大，多到难以想象。如果说当时陆地上的霸主是恐龙，那么海洋中的霸主就是菊石。在白垩纪末期的大灭绝导致陆地上恐龙类彻底消亡，然而，白垩纪海洋里所发生的生物大灭绝事件规模其实更大，曾经在古生代和中生代海洋中称霸近3亿年的菊石也在白垩纪末期的灭绝事件中消失得无影无踪。如今，我们只能在海相沉积地层中发现它们的踪影。

在化石世界，菊石是最令人着迷的一类，它们天生具有独特奇异的形态，优美和谐的曲线，变幻无穷的外形和无与伦比的光泽。保存完美的菊石动物化石成为人们欣赏和收藏的精品。对于地球科学的远古时代，菊石帮助我们打开了了解过去的历史之门。我们接下来一起来揭开这些优雅动物的神秘面纱。

头足纲

现代头足纲代表之一 鹦鹉螺

鞘亚纲（乌贼）

鞘亚纲（鱿鱼）

鞘亚纲（章鱼）

菊石亚纲

鹦鹉螺亚纲

菊石亚纲

知识扩展：什么是头足纲？头足纲全部为海洋肉食性动物，足生于头部，特化为腕和漏斗，故称为头足纲。头足纲的化石超过11000种，包括菊石、箭石、鹦鹉螺等，现生类型近800种，主要包括鹦鹉螺、鱿鱼、章鱼、乌贼等。

菊石的名字从何而来？

目前菊石的英文名称是Ammonite，它起源于千百年之前。菊石与古埃及掌管生殖的阿蒙神（Ammon）头上公羊角一般的犄角特别相似，因此得名。在我国，菊石得名于它们的壳饰类似菊花绽放的花瓣。

希腊神话中阿蒙神
（Jupiter Ammon）

奇异日本菊石　*Nipponites mirabilis*
日本北海道　白垩纪后期

菊石家族相当庞大，它们的构造远比羊角或者菊花复杂得多，它们的形状也变幻莫测，有螺旋形，有直杆形，有的像字母"g"，有的像小女孩头上的发卡，有的则是几种形状的组合。

菊石不但形状差别很大，个体大小差别也很大，有的菊石直径不足1厘米，而有的菊石直径可以达到2米。目前世界各地流传着菊石的传说，使菊石充满了神秘感。

第一节　希腊人的"阿蒙神石"

　　传说在公元前16世纪的埃及尼罗河畔的底庇斯城有一位称作朱皮特·阿蒙（Jupiter Ammon）的帝王，他统治着北非地区的埃及、埃塞俄比亚和利比亚，并曾一度入侵圣城耶路撒冷。他的头上有一对公羊角一般的犄角，而这对犄角也有名字，它的希腊文名称翻译成英语是Cornu Ammonis。公元前356年至公元前323年，亚历山大大帝（亚历山大三世）作为巴尔干半岛的马其顿国王，在公元前332年征服了埃及，建立了亚历山大王朝。这位大帝对埃及底庇斯城的朱皮特·阿蒙王崇拜有加，曾专门到利比亚沙漠中的朱皮特·阿蒙神庙去朝拜，并自称是朱皮特·阿蒙神之子，他曾发行以朱皮特·阿蒙神肖像为图案的金币，其中神采飞扬的朱皮特·阿蒙神耳旁的羊角特别醒目。

该种属于钩菊石科Ancyloceratoidea，壳形为开放的螺旋，类似羊角，生活于晚侏罗世至早白垩世，主要分布在欧洲中部、北非、马达加斯加、墨西哥、古巴、秘鲁等地

原勾菊石　*Protancyloceras* sp.
法国　白垩纪

欧洲地区中生代菊石化石十分丰富，其中有不少类型和羊角十分相像。菊石的英文名字则起源于一种白垩纪菊石——钩菊石（属于钩菊石科、Ancyloceratoidea钩菊石属*Ancycloceras*）。由于古希腊人认为这种形状奇特的石头是由朱皮

提奥爱米丽菊石　*Emericeras thiollieri*　法国　白垩纪

特·阿蒙神头上那对犄角变成的，于是用朱皮特·阿蒙神来命名这类石头，英文为Ammonite 。正是因为古代希腊人相信菊石化石是由神的器官变来的，他们认为菊石化石具有防止蛇咬的功效，还可以治愈失明、妇女不孕症以及低能症，因此称菊石为"阿蒙神石"。

第二节　英格兰人的"蛇石"

英格兰约克郡地区海岸是由侏罗纪海相地层组成的。地层中菊石化石十分丰富，这种菊石盘旋规则整齐，古代当地人认为这些怪异的石头是由蛇变成的。

一位名叫William Camden的作家1586年在*Britannia*一书中就曾写道："如果你打碎一块圆形的卵石，你就会发现一条石质的盘旋的蛇"。但是人们无论如何也没有发现带有蛇头的"蛇石"。当地富豪曾许诺，若是发现带有蛇头的"蛇石"，当赏以重金。

所谓的"蛇石"是如何产生的呢？英格兰约克郡维特比（Whitby）地区的居民认为，这里的海域曾一度有大量的蛇群出没，幸亏公元前614年来了一位名叫圣·荷尔达的修女接任萨克森修道院院长。为了建造一幢安静祥和的修道院，圣·荷尔达修女将该地区泛滥成灾的蛇群统统变成了石头。在英格兰的维多利亚时代，作家

修道院长荷尔达（Hilda）与菊石

Walter Scott 专门写有一首诗，歌颂圣·荷尔达修女的功德：

"When Whitby's nuns exalting told, Of thousand snakes, each one was changed into a coil of stone, When Holy Hilda pray'd: Themselves, without their holy ground, Their stony folds had often found."

17世纪牛津大学一本书的封面图案就确切地描绘了这一情景。该图中修道院院长荷尔达右手持菊石，左手持圣经，脚下是多条蛇。盛产的菊石化石也给当地居民带来了商机，游客常常购买这类"蛇石"作为纪念品。

为了使"蛇石"卖得更好，他们往往自行刻上蛇头。古生物学诞生以后，当然没有人再会相信这些化石是由蛇变成的了。为了纪念荷尔达修女，英国著名菊石类专家 Hyatt 于1867年以荷尔达修女的姓，将英格兰约克郡维特比地区早侏罗世地层的这一类菊石标本命名为 *Hildoceras*，即荷尔达菊石属，其属型种是 *Hildoceras bifrons*。

刻上蛇头的菊石

该种菊石壳外旋，侧扁，螺旋侧
面具有横脊，缝合线复杂，侧面
为明显的矩形。具有宽的脐，生
活在侏罗纪早期浅海海洋，游泳
能力一般，分布于欧洲和日本

双额荷尔达菊石　*Hildoceras bifrons*
英国　侏罗纪　土亚辛阶

这枚菊石外形类似蛇，因此常常
被英国当时的居民认为是"冻僵
的蛇化石"

亚盘蛇小荷尔达菊石　*Hildaites subserpentinum*
英国　侏罗纪　土亚辛阶

第三节 "痉挛石"和"幸运石"

古代德国人相信菊石化石对于家养牲口有药用价值。来自德国哈尔茨（Harz）山区的居民认为，像山羊角一样的菊石化石是一种龙角，如果放在挤牛奶的桶内，可以让牛多产奶。1703年出版的《苏格兰西部岛屿见闻》一书则记载，苏格兰西部岛屿上的居民一度把菊石化石称作"痉挛石"（Crampstone）。因为人们相信，把这种石头放到水里浸泡若干时间，再用这种水给奶牛擦洗，可以治愈奶牛的痉挛症。

菊石化石如果形成于特殊的缺氧环境，会高度黄铁矿化。在早侏罗世晚期，海底缺氧状况较为普遍，形成了富含黄铁矿的黑色泥岩或页岩沉积，在菊石形成化石的过程中，这种富含黄铁矿的矿物进入菊石身体，形成黄铁矿化的化石标本。专家用铜制的刷子清洁菊石的表面，使得这些黄铁矿化的标本露出了它原有的光泽。古代罗马人把这种化石称作"幸运石"。他们相信拥有一块"金菊石"，便可能带来好运，若是睡觉时置于身旁，便可在梦中预测未来。

这枚斯匹特菊石是黄铁矿化的化石标本。它的外形与其他侏罗纪时期的菊石相似，身体上依次长着又直又宽的肋，在背部有突起的小结

斯匹特菊石 *Speetonicras* sp.
俄罗斯 侏罗纪 普林斯巴赫阶

第四节 "萨里格拉姆"神石

尼泊尔中部的甘达克河谷两岸，出露着距今约一亿六千万年的晚侏罗世地层，它以柔软的黑色页岩为主，黑色页岩中有许多非常坚硬的结核，其中经常会含有菊石化石。这些晚侏罗世的黑色页岩在整个喜马拉雅山脉地区几乎都能发现，因在巴基斯坦和印度交界处的斯皮提河谷，故被命名为"斯皮提岩"。

在尼泊尔中部的甘达克河谷以及塔克霍拉地区"斯皮提页岩"中的结核常常由于水流的冲刷而被带到下游的印度境内，而化石则保存在黑色页岩的结核中，这些化石在印度教文化中具有非常重要的地位。在印度教文化中，这些保存在黑色页岩结核中的化石以其出产地萨里格拉姆（Saligram）而被命名为"萨里格拉姆"（或者称作Shaligram），或"神石"。尽管印度其他地区（如库奇地区）的晚侏罗世菊石也非常丰富，但印度教徒们相信，唯有来自喜马拉雅山脉的甘托克河谷地区的"萨里格拉姆"才是"真正的神石"，特别是产自萨里格拉姆乡和穆克提那特镇（Muktinath）地区的"斯皮提页岩"中的菊石化石更为珍贵和神圣。

Blanfordiceras wallichi　尼泊尔　侏罗纪

　　印度教认为，这些奇怪的、盘旋的、带有肋条的石头和毗湿奴菩萨（Bishnu）手持的法器极为相像。毗湿奴菩萨是印度教的三大神之一，他手上持有的法器叫做"chakras"。毗湿奴菩萨的这个法器是地地道道的印度教的标志，它所具有的八根辐条表示济世之道。把菊石看作神石的印度教信徒认为，菊石上的射肋相当于法器上的辐射状辐条。这些菊石标本被看作毗湿奴菩萨的法器，其中的辐射状射肋的精确位置在印度文化中非常重要，它代表神会用哪种方法普救众生。

　　在印度，有关"神石"的文字记载可以追溯到公元前2世纪。这些石头作为毗湿奴菩萨的象征被保存在寺庙、修道院以及住室，并且被置放在日常饮用水中。此外，在婚礼、丧葬以及新屋落成等仪式上均要用到"神石"，据说寓意幸福长在。人们相信如果一位垂死之人喝几口"神石"浸泡过的水，他便可以免除其生前的所有罪恶，并到达毗湿奴菩萨所居住的天堂。虽然有关"神石"的买卖在当地是被严格禁止的，但是许以重金仍然可以买到神石。不过需要特别当心的是，当地也有人用黑色泥岩结核，手工制作假的"神石"，出售牟利。

　　实际上，在我国西藏的聂拉木地区的中-晚侏罗世地层也有黑色页岩地层，产出大量保存相当完好的晚侏罗世菊石化石，其中有许多和甘托克河谷产出的菊石属于同样的类型，例如产于我国西藏定日的侏罗纪菊石。可能由于藏传佛教和印度佛教的差异，当地藏族并没有对菊石顶礼膜拜的传统。

来自我国西藏的菊石　侏罗纪
吴仪女士2003年赠予大连贝壳博物馆

第五节 印第安人的"水牛石"

菊石在印第安人心目中也是吉祥的象征，他们将菊石称为"水牛石"。传说在北美洲黑足（Blackfeet）地区有一个印第安部落，酋长的女儿捡到一块美丽的菊石，她听从神的声音，将菊石带回去就可以召唤水牛为他们耕作。她将菊石带回去之后，第二天早晨醒来，果然发现水牛在门口徘徊。自此之后，印第安人称它们为"水牛石"。目前，故事仍在当地流传，当地人认为如果刚好在旅行中发现了"水牛石"，就会给旅行带来好运。

印第安酋长的女儿

第六节 中国古代的"笋石""宝塔石"和风水石

从奥陶纪以后，三叶虫就逐渐减少。其中有一个原因是可以肯定的：从奥陶纪起，海洋里出现了一些三叶虫的"敌人"。这些三叶虫的"敌人"中，有一类就是接下来要介绍的菊石的近亲——角石。随着角石的增加，古生代海洋中的三叶虫就逐渐减少。角石不是三叶虫唯一的天敌，但有一些角石却是以三叶虫为食的。当然，它们也吃其他的小动物。

角石化石在全世界到处都有发现，世界上最早的角石化石是在我国东北发现的。中国寒武纪的海洋，是目前已知的头足类动物最早的故乡。角石的样子很像"牛角"，就像牛角有不同的形状，角石形状也是多种多样的。有一些角石是直的，叫做直角石，像一个长条形的圆锥体；也有一些弯曲或卷旋得很厉害，甚至像螺蛳一样卷成了一个圆的旋环。

北宋著名的诗人和书法家黄庭坚见到直角石，非常好奇，赋诗一首："南崖新妇石，霹雳压笋出。勺水润其根，成竹知何日？"黄庭坚诗中所提到的"新妇石"指的就是类似笋样的角石。

在分类学上，角石属于软体动物的头足纲、鹦鹉螺亚纲。鹦鹉螺类的出现早于菊石类，生活于距今四亿五千万年前奥陶纪时期的海洋中。我国长江中游一带，在早古生代曾是一片温暖的浅海海域，栖息着大量的直角形、弓形、旋形的角石。

角石壳体由一系列气室组成，彼此间以隔板分开，隔板简单平直，确实宛如笋节般具有"一节一节"的特点。壳体前大后小，往后徐徐收缩，到尾部就收缩得更为尖细，所以外形也很像竹笋，也难怪黄庭坚把它当做"竹笋"来吟咏了。由于角石外形奇特，色泽美丽，过去很多达官贵人把它当作古董收藏，经过巧妙的加工以后，用红木框架镶嵌起来，置于客厅案头，显示主人的名贵高雅，称为"宝塔石"。

大连贝壳博物馆内展示的13根直角石

我国湖北的直角石异常丰富，最早的记载是在苏颂所著的《本草经》中，书中提到该类化石标本中形状如羊角的，称为"角石"；盘卷的壳形如菊花的，称为"菊石"。在我国长江流域早古生代地层中的灰岩地层中富含称为"直角石"的鹦鹉螺化石，古代人不知此为何物，但仍冠以它名。例如《湖北通志》提到："宝塔石，一名太极石"。《荆门州志》记载："产远安荷花店山中，形如笋，一笋者居多，或有三笋连生者。有纵横生者，锯为屏风，直如塔，横者如太极图，亦奇产也。案此石，东湖、长阳、兴山皆有之，见三县志。"

角石是属于头足类的软体动物，与乌贼、章鱼和鹦鹉螺等现代的头足类是近亲。乌贼和章鱼等现生头足类，在现代海洋里数量很多，可是种类并不多。现代的头足类，大约有800种，而化石的头足类，发现的已超过1万种。头足类动物发展史上的"黄金时代"已经过去了。

在我国香港，菊石也被认为是幸运的象征，能触摸到菊石会带来一年的好运，特别是价格不菲的彩斑菊石，它也是被推荐的"风水石"。"风水大师"认为彩斑菊石是外冷内暖，暖代表爱心。而在宇宙万物中，螺形是一个宇宙符号，象征了吉祥及和谐，是天体大自然的宇宙密码。"太极圈"也来自宇宙螺旋的意念，因此螺的化

"风水大师"推荐彩斑菊石作为"风水石"

石便是有极多螺旋信号的千万年吉祥物。"风水大师"认为，彩斑菊石具有七种颜色，分别为红、橙、黄、绿、青、蓝、紫，对开发身体上七个莲轮有极大的导引力。七莲轮一旦获得开发，便可增加正极能量。红色为主色的"斑彩螺"可平衡消极思想，令此人变积极，因此红色彩斑菊石是保护健康的主石。

　　各个国家和地区对菊石都有一些神奇和美丽的传说，这是源于大家对自然的敬畏，也是对神秘的菊石不了解所导致的，但包含了民众对美好生活的期待和向往。那么传说背后，菊石到底是什么呢？为什么会有菊花状的花纹？为什么有的菊石会五颜六色？菊石怎样生活呢？带着这些问题，我们一起走进神秘的菊石世界。

米克糕菊石　*Placenticeras meeki*
加拿大　白垩纪　马斯特李赫阶

第二章

菊石真面目

第一节　什么是菊石

　　菊石属于软体动物门、头足纲的一个亚纲，是已灭绝的海生无脊椎动物，生存于中泥盆纪至白垩纪末期。它最早出现在古生代泥盆纪初期（距今约4亿年），繁盛于中生代（距今约2.25亿年），广泛分布于世界各地的海洋中，灭绝于白垩纪末期（距今约6500万年）。菊石通常分为6个目，76个超科，约280个科，约2000个属，以及许多种和亚种。

　　菊石化石一般保留下来的是它的外部硬壳部分，它的外壳可以使其免受其他食肉动物的捕食。大部分菊石的外部形态和鹦鹉螺非常相似，外部线条呈流线形。缝合线是菊石分类的重要依据之一。

菊石复原图

菊石内部由薄片隔开，这些薄片称为隔板，每一个被隔开的部分称为气室，最后一个气室，也是最大的一个，称为住室，是菊石软体部分存在的地方。腔室之间有一条水管相连接，称为体管。菊石的壳内有充满气体和液体的腔室，使菊石在水中保持平衡。像鱿鱼一样，菊石数量庞大、种类繁多、动作敏捷，对于食物链的各个等级而言，它的地位都是十分重要的。通常只有菊石的气室能够被保留下来。菊石生长最初期的气室被称为菊石的胎壳。这些小旋壳逐渐增大，成为一个一个的气室，气室数量的多少取决于菊石的种类和大小。体管的作用相当于吸管，它能够排出由于渗透作用聚集在气室中的任何液体。菊石的这一功能会使其在水中保持接近无重状态。菊石气室的作用和鱼鳔是一样的，都是为了在水里获得平衡，但是和鱼鳔相比，气室的功能更强。菊石的外壳很坚硬，所以不会因为迅速沉浮而产生的水压变化导致壳体有被压碎的危险。

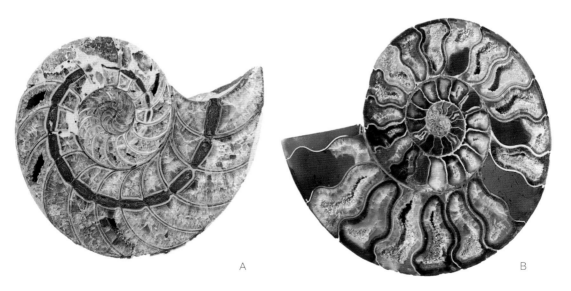

鹦鹉螺化石（A）和菊石化石（B）的切片

第二节　菊石的外部形态

一、多种多样的外形

　　菊石的外部形态可以说是多种多样，不拘一格，有的时候你甚至会怀疑有的种类是否是菊石家族的成员。总的来说，菊石有如下几种：

　　有直杆形，形状如直杆一样；有弓形，如一张拉弯的弓；有喇叭形，如半卷的喇叭；有环形，环形的菊石腔室之间分离；有扁卷形，扁卷形的菊石腔室之间紧密接触；也有钩形，钩形的菊石在末端呈弯钩状；还有其他的类型，如烟管形以及螺旋形，等等。

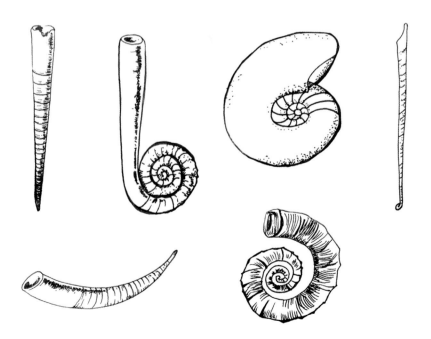

各种各样的菊石

在扁卷形菊石中，又因其扁卷的方式不同，可分为半外卷形、外卷形、半内卷形及内卷形。

外卷方式不同的菊石
A.半外卷形　B.外卷形

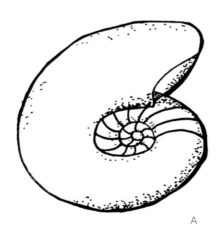

内卷方式不同的菊石
A.半内卷形　B.内卷形

外卷型菊石 *Perisphinctes* sp. 德国 侏罗纪

内卷型菊石 *Macrocephalites macrocephalus* 德国 侏罗纪

二、菊石方位的区分

菊石方位的演示

前方　壳口朝向的方向为前方。
后方　与壳口相反的方向为后方。
背部　靠近卷曲内部的一方为背部。
腹部　向外突起的卷曲则为腹部。

三、菊石各部分名称的确定

　　菊石的生长是以最初期的胎壳为中心，胎壳直径一般为0.5~0.8mm，呈螺旋方向生长。菊石的外壳为石灰质，喙、口盖和齿舌等均为角质，故有利于保存为化石。但是喙、口盖和齿舌位于软体组织的不同部位，所以通常零散地保存为化石。壳体分为气室和住室，气室被一系列隔板分离，相互之间以体管相连。住室系软体部分栖息的空腔，它位于气室的末端，大而长。

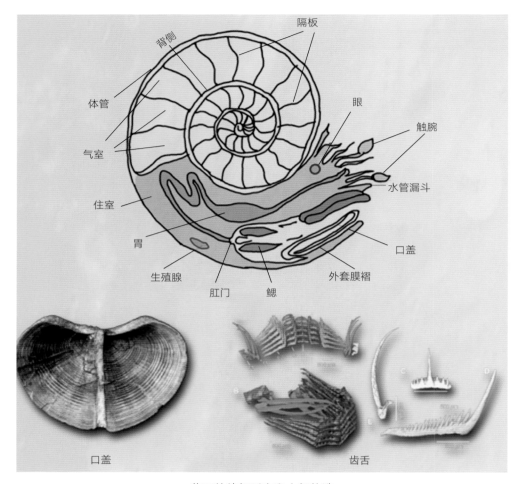

菊石的外部形态和内部构造

胎壳　位于菊石的中心，是菊石最早生长的部分。

壳口　住室前端软体伸出壳外之口。

脐　平旋壳体中心下凹部分。

气室　菊石内部的腔室称为气室，与鹦鹉螺相似，内部有隔板相隔，调节菊石在水中沉浮。

体管　腔室之间有一条相连接的管，称为体管。它是隔板和连接环组成的贯通胎壳到住室的灰质管道，体管类型多样。

缝合线　隔板边缘与壳壁内面的接触线。只有剥去表壳才能看到。

住室　最后一个也是最大的一个腔室称为住室，是菊石软体部分居住的地方。

第三节　菊石的缝合线

　　所有菊石的气室表层下都存在缝合线，它们在壳表下形成了错综复杂、波浪形、像花边一样的图案。这些撑起气室的片状物称为隔板（或隔壁），隔板把一个气室与另一个气室隔开。菊石缝合线是指隔板与主壳体壳面之间的结合线，是菊石研究的重要内容。一般来说，菊石存在的年代越久远，缝合线越简单；反之，则越复杂。隔板是由背部分泌文石的软体组织形成的，这个软体组织称为外套膜；缝合线反映了这个器官（外套膜）的复杂形状。菊石缝合线有三种类型：棱菊石型、齿菊石型和菊石型。鹦鹉螺的缝合线很简单，称为无角石型。不同时代的菊石个体发育也反映出菊石缝合线由简单到复杂的系统演化过程。

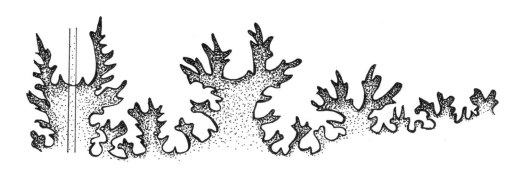

菊石的缝合线

　　菊石缝合线的鞍　缝合线向前弯曲的部分。

　　菊石缝合线的叶　缝合线向后弯曲的部分。

　　错综复杂、弯曲的隔板要比直的或稍弯的隔板坚固，缝合线越是错综复杂，隔板就越薄，也越坚固。这样在没有损失壳体强度的情况下，菊石可以减轻自重。科学家们对形状相似的菊石用缝合线区分不同的种类。就像人的指纹一样，各个不同种类的菊石具有其特有的缝合线模式，每个相同种类的菊石都具有类似的或是几乎完全相同的缝合线模式。但是，很多白垩纪后期的菊石难以按照缝合线来区分，如在鉴定杆菊石（*Baculites*）和船菊石（*Scaphites*）时，科学家通常是根据外壳的形状和壳饰以及地层层位来确定不同的种类。

　　缝合线是菊石分类最重要的根据之一。菊石的缝合线由简单到复杂，为了适应环境的变化而变化。

羊星菊石　*Aegasteroceras* sp.　英国　侏罗纪早期　辛聂缪尔阶

　　棱菊石型缝合线（Goniatitic）是古生代最简单、最具有代表性的类型。这种类型的缝合线存在于从晚志留纪一直到二叠纪末期的菊石中。随着二叠纪末期菊石的大灭绝，这种缝合线也随之消失。但在一些三叠纪和白垩纪的菊石中也会偶然出现类似棱菊石型的缝合线。

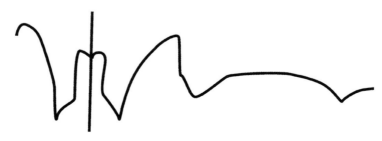

棱菊石型缝合线

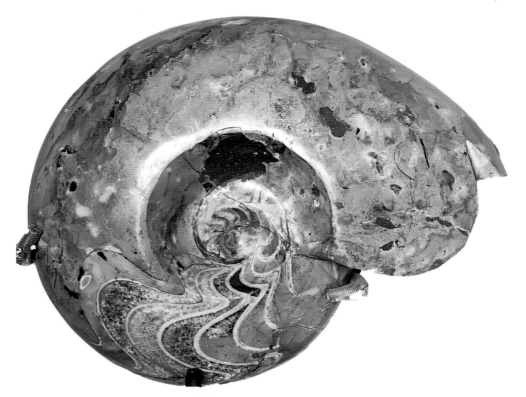

棱菊石型缝合线的代表种类

　　齿菊石型缝合线（Ceratitc）在三叠纪的菊石中最为普遍，是占主导地位的缝合线类型。下面的插图都是齿菊石型缝合线最典型的例子。它们最早出现于三叠纪早期的密西西比阶，直到三叠纪的末期消失。但令人不解的是，这种缝合线的样式也出现在侏罗纪和白垩纪的某些菊石中，这种返古的现象匪夷所思。

齿菊石型缝合线

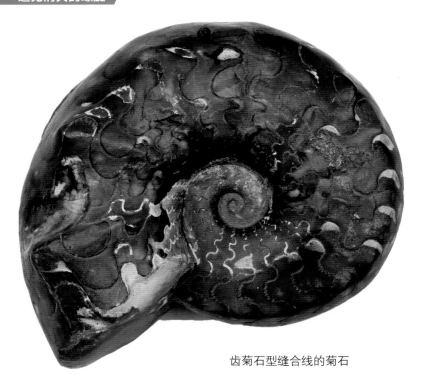

齿菊石型缝合线的菊石

这枚菊石清晰地展示
了齿菊石型的缝合线

平背盘齿菊石　*Discoceratites dorsoplanus*
德国　三叠纪　拉丁阶

第三种，菊石型缝合线（Ammonitic），是缝合线中最复杂的类型。它是侏罗纪到白垩纪时期所有菊石当中最常见的类型。从二叠纪早期到白垩纪末期的菊石都会发现这种复杂、完全细圆齿状的缝合线。

菊石从泥盆纪开始出现，直到白垩纪末期绝灭，长达3亿余年的化石记录揭示了菊石动物演化的历史。菊石演化显示了壳体形态多样化，缝合线复杂化，以及壳体表面装饰多样性，均为适应环境的结果。

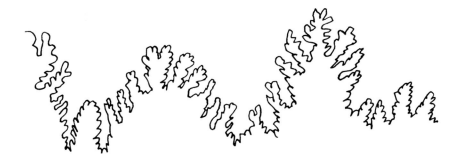

菊石型缝合线

关于菊石缝合线的作用，一直是争论的焦点。

目前一些学者提出了不同的观点：

第一种观点是被最广泛支持的观点，即缝合线的作用是支撑壳体，缓解外部遭受的水流压力。缝合线的复杂性决定了菊石生活的深度。

第二种观点是，缝合线在菊石活动时，为体内流动的液体提供稳定、平衡的作用，特别是对于一些大型的个体。

第三种观点是，复杂的缝合线结构可能通过增加表面张力效应增强了浮力调节能力。这一观点仅得到了少数人的支持。

菊石型缝合线的菊石

第四节　菊石的彩虹色

　　人们通常把漂亮的菊石化石的外壳同蛋白石〔注：通常人们说的澳宝〕相混淆。但是，菊石神奇的光泽来自珠母层（珍珠层）的折射和反射。而蛋白石的彩色光束来自光反射及硅中所含水对光的折射。

新箭石　*Neohibolites semicanaliculatus*
澳大利亚　白垩纪　阿普提阶

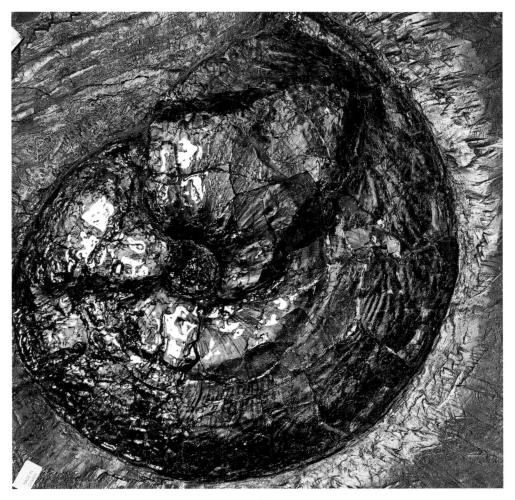

彩斑菊石

一、什么是彩斑菊石？

彩斑菊石指的是主要产于加拿大阿尔伯塔省熊爪页岩组和美国南达科塔州皮埃尔页岩组的菊石，它们具有迷人的彩虹光泽。1981年，世界珠宝联盟（WJC）正式将该产地的菊石列入宝石级，称为彩斑宝石，同时也为它专门生出一个英文词汇"Ammolite"，与菊石的英文拼写"Ammonite"仅有一个字母之差。2007年，彩斑宝石又被选作加拿大莱斯桥市的"象征石"。

年轻杰雷茨克菊石 *Jeletzkytes nebrascensis* 美国南达科塔州 白垩纪

二、菊石的彩虹色是怎么产生的？

　　已经发现的彩斑菊石化石中，几乎具有自然界中所有的颜色。彩斑菊石的颜色与珍珠、琥珀、红珊瑚一样都是生物因素形成的，它们被统称为有机宝石。生活在海洋中的菊石，具有像现代软体动物一样的由文石组成的珠母层。文石不稳定，在地质成岩过程中易形成方解石。而有的彩斑菊石保持了文石的微细构造，菊石化石如此繁多的颜色来自其铁、镁等矿物质含量的变化，使它光彩绚丽。红色和绿色是彩斑菊石的主体色调，呈现红色的彩斑菊石产量相对较大，绿色次之，而蓝紫色的

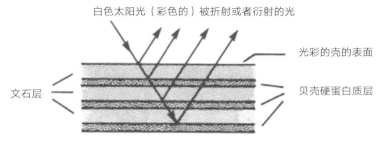

白色太阳光（彩色的）被折射或者衍射的光

光彩的壳的表面

文石层

贝壳硬蛋白质层

菊石的彩虹色的形成

菊石产量较少，价格相对就昂贵很多。

世界上，仅有少数地区产出的菊石具有保存完好的彩虹色壳体，分布在北美、欧洲、亚洲、南极洲和非洲。这些保存完好的、原始彩虹色的菊石化石非常美丽，值得研究和收藏。

目前最为著名的彩斑菊石的产地之一是美国南达科塔州。在南达科塔州的西部地区的地层中，某些层位中含有难以数计的彩虹菊石。产自狐山组（Fox Hill Formation）的菊石因为其极致美丽的外形和几乎完美保存的外壳而价值不菲。

三、任何菊石都可以形成彩斑菊石吗？

彩斑菊石来自有限的几个菊石属种，它们包括晚白垩纪米克糕菊石（*Placenticeras meeki*）和交替扁糕菊石（*Placenticeras intercalare*）。此外，一种体型较小、呈圆柱状的杆菊石（*Baculites compressus*）也能形成彩斑。已知最大的彩斑菊石壳体直径可以达到90厘米。品质最佳的彩斑宝石产于加拿大落基山东部的圣玛丽河。

白垩纪后期，北美大陆当时被三片重要的浅海海域所占据，它们分别是拉布拉多浅海、

大杆菊石　*Baculites grandis*
美国　白垩纪　马斯特李赫阶

哈德森浅海以及北美西部浅海。北美西部浅海纵贯整个北美大陆，将其分离成东、西两大片地理区系。这一区域的光照度强，水体更加温暖，浅水类型生存的双壳类、腹足类尤其丰富，为菊石提供了丰富的食物来源。同时，由于水体相对较浅，菊石动物的天敌——鱼龙类不习惯在浅水区活动，使菊石动物较少受到威胁。在海洋环境中，浅水区的海水通常是处于钙质饱和状态，因此菊石死亡之后，迅速被沉积物掩埋，壳体中的文石矿物几乎没有受到钙质不饱和海水的溶蚀，从而可以保持原始矿物结构。此外，菊石壳体中的文石矿物含量和海水的盐度成反比，生存环境可能经常发生周期性的半咸水状况。这一方面提高壳体文石矿物的含量；另一方面，钙质饱和的半咸水会导致壳体中的钠离子游离出去，从而被更多的铁或镁离子替代。这些独特的过程使得菊石动物群在一个特殊的生态环境中死亡、沉积、埋藏，并经历了非常独特的成岩过程。这也是彩斑菊石能够在北美洲地区特有的地质过程中得以形成的重要原因。

第五节　菊石的软体部

收藏家和科学家在全世界范围内广泛采集菊石已逾两百年，虽然已收集到上百万块标本，但是其中没有一块菊石标本保留有完整的软体部。目前，我们只有通过对菊石的近亲——鱿鱼、章鱼和鹦鹉螺等现生的头足类进行研究，来想象菊石亿万年前可能会是什么样子。

目前，比较流行的说法是，菊石的软体部很可能与鹦鹉螺相似。它们有几十个个灵活的触腕（或称作触须），触腕从壳口伸出并包围着喙。大部分菊石的触腕的长度很可能有住室长度的一半，故菊石可以把头和触腕收缩回住室中以保护自己。它们用触腕来游泳、捕捉食物。它们还有一个稍短的、形状像水囊（hyponome）一样的足，就像一个肉质的管口或漏斗，即"水囊足"，它控制着从外套膜空腔里排出的水流，用喷水的推进力使菊石在水中游动。当头部缩回的时候，外套膜也会收缩，将水从管口排出来，以获得推进力，这样菊石就会像鱿鱼一样在水中迅速前进。在住室的壳下面是内部器官。心脏、肾脏、胃、鳃和生殖系统，所有这些器官都被一个高度进化的器官——外套膜所包裹。外套膜不但能随着软体部的生长分泌外部的

菊石活体复原图

壳，还可以修补壳的受伤处。随着软体部的生长，外套膜在壳内不断地向前移动，为了浮力而制造新的腔室。像鱿鱼和章鱼一样，菊石很可能有发达的大脑，也许是当时最机敏的动物。

第六节　与现生头足类的亲缘关系

　　菊石类是已经灭绝的生物，有关菊石的知识可以从菊石化石沉积环境中分析而得，菊石的形态功能可以与现代鹦鹉螺的类比而得。在地史分布上，菊石和鹦鹉螺存在着此消彼长的关系。在古生代海洋中，鹦鹉螺为优势物种；而在中生代，菊石为优势物种。但白垩纪末期，生物大灭绝使得菊石消失，而鹦鹉螺却得以存活至今。

它们虽然非常类似，但是在形态上又有所不同。鹦鹉螺类（Nautilids）和菊石类（Ammonoids）都是生活在文石质壳体中的头足类动物。两者均具有一系列气室组成的壳——称为气壳（phragmocone，它们由体管连接，被隔板分开），以及一个住室。像其他头足类一样，它们也有一对大的颚板和齿舌来吞食动物，补充它们对高钙的需要。虽然已经发现数百个具有软体的鱿鱼化石，但是却没有发现鹦鹉螺类和菊石类的触腕、头、外套膜等软体组织的化石记录。菊石类在中生代的兴起与鹦鹉螺在中生代的衰落几乎同步发生。由于它们形态相似，生活方式相似，所以鹦鹉螺和菊石之间的生存竞争是很激烈的。然而菊石在古生代一直迫于与鹦鹉螺生存竞争的压力，没有得到明显的发展。但是在中生代，鹦鹉螺急剧衰落，在广大的浅水海洋环境中被菊石取而代之。

菊石从泥盆纪开始出现，二叠纪末期，其属的数目始终在50~60个。三叠纪突然增加到400个。鹦鹉螺属数目的减少正好和菊石类的增加相匹配，奥陶纪鹦鹉螺最繁盛，属的数目超过150个，然后逐步减少，泥盆纪为100余个，二叠纪末只有

鹦鹉螺化石 *Pseudoganides* sp. 法国 侏罗纪

庞皮鹦鹉螺　*Nautilus pompilus*　（切面）菲律宾　现代

不到30个，在整个中生代更是迅速减少。当侏罗纪末期菊石数目达到最高峰时，鹦鹉螺却下降到最低谷。虽然在白垩纪菊石仍然保持旺盛的势头，数目仅略有下降，但鹦鹉螺的数目略有增加。菊石和鹦鹉螺在古生代和中生代的发展中，一直此消彼长，足见它们为了争夺生存空间的竞争非常激烈。

　　根据Bucher的研究，菊石类的生长周期一般为2~5年，极少数种类为6年。相比之下，鹦鹉螺为10~15年性成熟，成熟之后还可以再生存5年。菊石类的卵个体尺寸微小（1毫米左右），但孵化的数量巨大（成千上万）。它们高效的繁殖速率和短暂的生命周期都说明它们和现生的鱿鱼、章鱼和乌贼之间具有亲缘关系。菊石肌痕与鹦鹉螺的有很大的不同，其肌痕与壳体的接触面较小，这意味着大多数菊石很可能像鱿鱼和章鱼一样，比鹦鹉螺更加活跃、更加积极。菊石体管在壳的外缘（称为腹部）的位置，表明它可能比鹦鹉螺能更迅速地适应海洋的不同深度。

知识扩展：最聪明的贝类

　　章鱼、鱿鱼等隶属于软体动物门，它们不是鱼，是贝类的一种。在贝类中，它们是最聪明的种类，具有发达和复杂的神经系统，因此它们的神经系统常常是现代医学研究的实验材料。研究显示，章鱼的智力如同一个3～5岁的孩童，目前世界各地不断有报道显示，它们可以利用外界物体给自己搭建窝棚，还可以玩积木、进出迷宫、从水族馆逃走，最著名的例子要数章鱼保罗，它甚至可以"预测"球赛的结果。

　　最聪明的贝类，头足纲确实当之无愧。2015年8月13日 *Nature* 杂志在线发表了芝加哥大学与冲绳科学技术大学历时三年完成全球第一份章鱼的基因组测序的文章，该研究发现了章鱼不同寻常的生物学特征——包括它能够改变皮肤的颜色和纹理，分散的大脑使得它的8条手臂能够独立移动相关的一些基因。研究人员发现章鱼与其他的无脊椎动物基因组之间有着惊人的差异，包括广泛的基因重排，以及与神经发育相关的一个基因家族发生了显著扩增——这曾被认为是脊椎动物所独有的现象！

现生鱿鱼（塑化标本）

　　有的菊石的壳比鹦鹉螺的壳薄很多，菊石复杂的气壳隔板使之比鹦鹉螺类体重更轻，游得更快。因此，菊石从机动性上超过它们的敌人和捕食对象。菊石种类多、变化大，是机会主义捕食者。像鱿鱼和章鱼一样，它们会吃掉捕到的任何东西。由于菊石与鱿鱼、章鱼及乌贼有很多类似的地方，科学家推测现生鱿鱼、章鱼、乌贼可能就是菊石的直接后代。

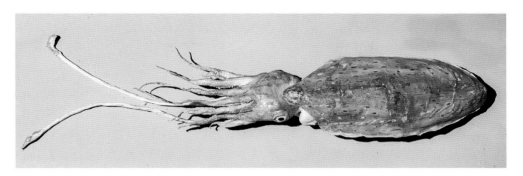

现生乌贼（塑化标本）

现生章鱼（塑化标本）

第七节　繁殖能力

　　菊石的繁殖能力很强，而且它们有"活泼的童年"——浮游幼虫阶段，因此它们的残骸化石遍布许多古生物化石产地。菊石的卵和它们的幼体大都非常微小。和现生鱿鱼类似，雌性菊石一次能产出成千甚至上万粒微小的卵。菊石在繁殖过程中消耗大量的能量，现在在某些地层中会发现成百万上千万的成年期的菊石化石，根据群集型的死亡现象推测，像鱿鱼等许多种类一样，一些菊石很可能在排精和产卵之后会很快死亡。

　　现生的头足类都会经历复杂的交配仪式，菊石的求偶和交配想必也非常特殊。一般现生头足类雄性为了吸引雌性，在水中做出各种舞动姿势以获得雌性的青睐。我们可以设想一下，远古的头足类菊石也实施了类似的方法来吸引异性。

　　有时，同一种类的雌雄个体大小有别，外表特征和形状也相差很大，这些特征的不同被科学家认为是性别差异导致的。

法国的等同盘菊石（*Homeoplanulites*）的雄性壳体的壳口（口围），其伸展延长的部分为口鞘，一般被认为是雄性菊石的生殖器部位

具有雄性生殖特征的菊石

在一些大型个体的菊石种类中发现有卵壳，而一些同种的小型个体中很少有卵壳，现生头足类的雌性个体也比雄性个体大，因此推测在菊石中存在"雌雄双型"现象。一些菊石在称为壳口或口围（aperture）的地方有一个延长部分，因为它出现在同种的小个体壳体中，所以，理论上这类特殊的结构是某些菊石种类雄性性成熟的标志。

很多现生鱿鱼和章鱼虽然没有外壳，但是也表现了性双形（sex dimorphism）现象。

倘若没有天敌，一对菊石的繁殖能力可以使一大片海域在很短的时期内充满小菊石。数以百万计微小的、刚刚孵化出来的菊石幼体会浮到水面，加入数以亿计的浮游生物中。它们会被海流带到很远的海域，幸存者将在新的海域中栖息。所以，在不同的地理海域发现同一种菊石并不奇怪。但是，大部分刚刚孵化出来的菊石幼体都会夭折，成为其他捕食者的美餐。

同一种类的菊石中，个体较大的成年个体称为伟壳（macroconch），为雌性；个体较小的成年个体称为微壳（microconch），为雄性。两者虽为同一种类，通常冠以不同的种名或属名以示区别

雄性盘船菊石（Discoscaphites）（左）和雌性船菊石（Scaphites）（右）
由于性别不同导致的体型大小差异

第八节　摄食

所有现生头足类软体动物都是非常凶猛的捕食者，它们并不是依靠傻傻地等待尸骸获得一顿"免费"的午餐，而是为了生存会主动捕捉、杀死、狼吞虎咽地吞食猎物。同自身的身体相比，大多数菊石的一对颚板相当强大，其形状和鹦鹉的喙很像，能够轻而易举地咬碎猎物。然后，这些粉碎的食物经过颚后端的一排齿舌，这

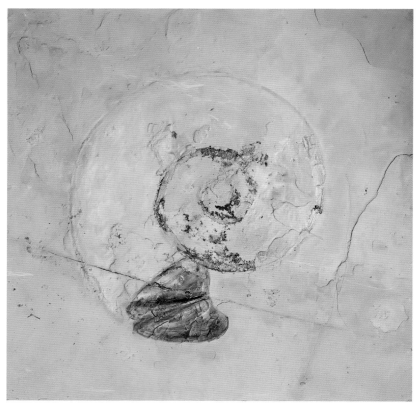

一枚来自德国索伦霍芬（Solnhofen）的菊石，我们从印模中已经无法辨认属种，但它的住室中保存了其强大的颚板（也有研究者认为是口盖）

Neochetoceras Steraspis　德国

些齿舌宛如鲨鱼的牙齿，可以将食物进一步碾磨成易于消化的、更为细小的碎末。然而由于缺乏化石证据，我们并不知道是否所有的菊石都有颚板和齿舌。当菊石张牙舞爪的触腕、颚板和齿舌联合行动的时候，它们必定是非常恐怖的捕食者。我们可以想象菊石捕食时候的场面，它们舞动众多的触腕，把抓到的猎物挤压和拖拉着送进足以致命的颚中。

现生头足类为"夜行者"，菊石很可能和它们现在的"亲戚"一样在夜间捕食。在夜幕的保护下，菊石可以避开它们的大部分天敌，以夜行性动物为食。通过检验一些被保存下来的少量的菊石胃化石和粪化石的成分，我们可以判断，它们并不"挑食"，能够捕到什么就吃什么。它们吃螃蟹、龙虾、鱼、双壳类、腹足类、浮游动物，甚至其他的头足类。为了生长和修复它们的外壳，菊石需要大量高钙食物。

第九节　天敌

大多数菊石不会长成巨大的个体，故它们难以位居食物链的顶端，所以菊石不得不始终对捕食它们的动物保持警惕。幸运的是，菊石有坚硬的外壳，有很多触腕和一对恐怖的颚板，它们是难以对付的猎物。但即使有了这些保护，菊石还是常常受到爬行类、鱼类、鱿鱼，甚至其他菊石的攻击。菊石壳上不同性质的伤痕为这些袭击提供了证据。当然，这还不包括菊石死亡以后到掩埋之前的壳体的破裂。在菊石住室的表面，我们发现很多相似甚至一样的"疤痕"，表明菊石也经常成为袭击的目标，导致重伤甚至死亡。

菊石和很多软体动物一样，具备高超的修复本能，如果没有受到致命的伤害，它们通过自身分泌碳酸钙可以将壳体破损处修复，这使得它们在多次残酷的袭击中得以幸存；而其他动物若是遇到这样的袭击则不太可能生还。带有搏斗伤疤的菊石壳，展示了它们神奇的复原和生存的能力。有一些菊石的壳上展示了不同寻常的被捕食的痕迹。

这枚幸存下来的齿菊石显示它在受到攻击后自行修复了外壳

半分盘齿菊石　*Discoceratites semipatitus*　德国　三叠纪　拉丁阶

　　这些伤痕有的很容易解释，有的则不是。1960年，埃尔·考夫曼博士描述了糕菊石（*Placenticeras*）壳体一侧有多排孔洞的痕迹。他推断，菊石的这些"记号"是被大型海洋爬行动物沧龙（*Mosasaurus*）连续齿咬的结果。现在，一些无脊椎古生物学家把菊石侧面的这些洞和钻孔归因于腹足类中的帽贝。虽然大部分证据支持这个观点，但是具体原因仍旧存在争议。

鱼龙　*Ichthyosaurus*　捕食菊石（复原图）

人们经常发现像沧龙（*Mosasaurus*）、蛇颈龙（*Pleisiosaurus*）、鱼龙（*Ichthyosaurus*）和海龟这样的爬行动物和菊石生活在同一个环境中，我们设想菊石是爬行动物的一个食物来源也是符合逻辑的。最近，日本的古生物学家在大型蛇颈龙（*Pleisiosaurus*）的体腔内发现了头足类的部分身体，证明这些大型爬行动物确实是以头足类为食的。

与菊石一起发现的一种沧龙（*Platecarpus*）的头骨，来自美国南达科塔州皮埃厄页岩（Pierre Shale）

第十节　菊石的分类

因为菊石已经灭绝，我们通常是按照已保存的菊石化石的外壳和内部结构来对菊石进行分类，鉴定菊石的种类要看五个方面。第一，根据外壳壳形的差异进行判断；第二，利用壳饰进行判断；第三，根据缝合线的形状进行判断；第四，根据隔片的形态进行判断；最后，根据水管的形态进行判断。

菊石外形演化出了多种多样的形式，包括日益复杂的缝合线式样，但我们对其内部软体部的演化至今一无所知，目前也不了解驱动它们快速演化的动力和原因，

运动指菊石　*Dactylioceras athleticum*　德国　侏罗纪　土亚辛阶

仅根据保留的部分特征对其进行分类。依据其生存时期，可以将菊石大致分为三类：古生代的菊石称为"古菊石目"，三叠纪的菊石称为"中菊石目"，中生代时期其他的菊石被称为"新菊石"（Ponder,2019）。

菊石按照以上原则分类可分为6个目：

A．似古菊石目 Agoniatitida 生活时代 泥盆纪 （距今四亿七百六十万年至三亿七千二百二十万年）

B．棱菊石目 Goniatitida 生活时代 泥盆纪早期至二叠纪晚期（距今四亿七百六十万年至二亿五千一百九十万年）

C．原雷卡尼菊石目 Prolecanitida 生活时代 泥盆纪晚期至三叠纪早期（距今三亿五千八百九十万年至二亿四千七百二十万年）

D．克里门菊石目 Clymeniida 生活时代 泥盆纪晚期（距今三亿七千二百二十万年至三亿五千八百九十万年）

E．齿菊石目 Ceratitida 生活时代 二叠纪早期至侏罗纪中期（距今二亿九千八百九十万年至一亿六千三百五十万年）

F．菊石目 Ammonitida 生活时代 叠纪晚期至白垩纪晚期（距今二亿一百六十万年至六千六百万年）

这是2019年Ponder等人综合进行分析的最新分类结果，之前也有将菊石亚纲分成8个目或9个目，即除上述6个目之外，还有叶菊石目、弛菊石目等。

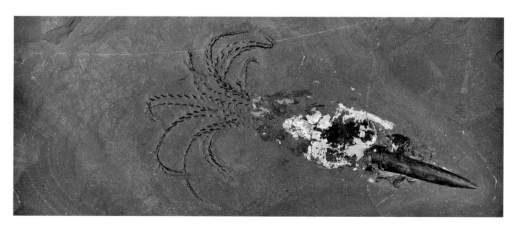

双沟钉枪箭石 *Passalotheutis bisuloata* 德国 侏罗纪 土亚辛阶

图片展示了化石保存有10条触腕及一对口鞘

箭石是食肉动物，它的运动是利用挤压外套腔形成喷发水流反向前进，流线型的体形使得箭石获得较快的游泳速度。已发现的化石中，*Megateuthis* 属的喙壳化石长度为46厘米，因此估计其完整的个体长度可以达到3米，是目前已知最大的箭石化石。箭石也是头足纲的成员之一

菊石由以上6个目组成，每个目都有各自的地质历程，最古老的菊石起源于泥盆纪，所有的菊石最终都在白垩纪末期灭绝。现在我们看到的菊石都是化石。

第十一节　菊石在中国的早期研究历史

在我国，人们对菊石的研究是逐步深入的，我国早期的菊石研究是由我国的古生物学家和国外的古生物学家共同完成的。最早对我国菊石的记述可以追溯到1894年，Suess于1894年在昆仑山北部二叠纪地层中发现3种菊石化石。在这之后，1895年，Frech鉴定出安徽南部宁国县二叠纪菊石化石2种。1903年，Schellwien记述祁连山乌拉石灰岩中所采的菊石化石1种。Frech又在1911年记述云南南部拉理泥盆纪菊石化石1种、四川北部广元县大巴山二叠纪菊石化石1种以及江西乐平县菊石化石1种。Mansuy在1912年记述云南后沟下石炭纪不完整菊石化石1种。Grabau在1924年所著的《中国地质史》（卷一）中记述菊石化石5种，附图3种。1931年，Miller记述昆仑山北部保存在页岩中的菊

顶菊石　*Ankyloceras* sp.　俄罗斯　白垩纪

石化石2种。1933年中国古生物学家田奇瑌描述了丁文江和王日伦在贵州贵阳附近所采集的菊石6属11个种，将中国南部的下三叠系分为4个菊石层。尹赞勋于1935年发表了中国古生代后期的菊石4属11种，其中有1个新亚属，9个新种。赵金科1959年通过对广西西部下三叠纪菊石的描述，探讨了下三叠系的界限，建立了广西下三叠菊石层，并对中国南部下三叠菊石的分层进行了对比。近年来有很多学者对喜马拉雅地区的菊石进行了分类描述，比如对聂拉木－古措地区以及阿里地区的侏罗纪菊石分类，相继建立了侏罗纪菊石化石组合和菊石带。阴家润2000年对西藏南部拉弄拉地区的侏罗纪菊石进行了研究，与西北欧标准菊石带进行了对比，并发表和出版了文章与著作。童金南于2004年建立了安徽巢湖地区早三叠菊石序列。

一、所取得的成果

尹赞勋在1935年发表了中国古生代后期的菊石4属11种，其中有1个新亚属、9个新种。赵金科1959年对广西西部下三叠菊石进行描述，共计204种，分别归属59属、23科。钟华明1993年在西藏洛扎以南至中国与不丹边境约4000平方千米（国内部分）范围内发现了丰富的小型特化类型菊石生物群，经中国科学院南京古生物研究所陈挺恩研究员鉴定，共计4科、6属（未定种），以锚菊石科（Ancylocaratidae）最为丰富，占65%。马俊文1998年在江西铅山地区早二叠世晚期上饶组煤系的底部，发现独具特色的菊石新类群，其壳面的瘤饰发育特别，缝合线腹叶窄长，腹支叶呈披针形，明显区别于腹菊石超科中的其他各科，据此，建立了瘤腹菊石科（新科）（Nodogastrioceratidae fam. nov）。

矢部正扭菊石　*Nostoceras*（*Eubostrychoceras*）*otsukai*（Yabe）
日本北海道　白垩纪　土伦阶

（一）广泛建立了菊石化石组合和菊石带

在我国，近年来一些学者对喜马拉雅地区、聂拉木－古措地区以及阿里地区的侏罗纪菊石分类研究做了很多工作，相继建立了侏罗纪菊石化石组合和菊石带。

童金南建立了安徽巢湖地区早三叠菊石序列，从下而上分别是Ophiceras-Lytophiceras带、Gyronites-Prionolobus带、Flemingites-Euflemingites带、Anasibirites带、Columbites-Tirolites带和Subcolumbites带。

冠菊石 *Coroniceras reynesi* 英国 侏罗纪

（二）菊石双形问题的探讨

对于菊石双形的问题，国内外一直存在争议，没有具体的标准。Mokowski在1962年发表的文章中认为，它们的性别差异主要表现在旋环数目上。而Westermann在1964年提出，少数类型的差别表现在其形体大小上，其他形态特征变化不大；多数类型的性别差异既表现在形体大小上，也表现在口部的明显变化上，当然也包括成年期的其他变化。1969年，Zeiss将双形现象分为3类：第一类表现在壳体大小和壳饰变化上；第二类壳饰相同，而壳体大小和口部形态不同；第三类是差别不明显的。还有学者认为头足类壳体颜色与性别有关。中国的古生物学者周祖仁1985年在研究湘中地区栖霞期土著的假海乐菊石群时认定，双形的标准是"小型标本围垂发育，而大型标本围垂不发育，只是口缘加厚较为显著"。

这块带有硅化木的菊石化石是由德国著名的化石清修家沃夫（Manfred Wolf）先生发现并清修的。我们看到化石上有三个大型的公羊菊石化石，令人惊叹的是，它们竟然和一根木头一起形成了化石。生活在陆地上的树木怎么会和海洋中的菊石共同出现在一个地层中呢？对于这一现象，专家有不同的观点。有专家推测：菊石虽然是游泳动物，但是它们的游泳能力不强，可能菊石有时会用臂腕吸附着海面漂浮的木头来活动，在地质发生剧烈的变化时，菊石和浮木一起保存为化石。但也有专家推测：这根木头可能因密度较大而沉入海底，在偶然的情况下，与菊石一起形成了化石。菊石与木头究竟是什么原因一同形成化石的不得而知，但我们只能感叹大自然的神奇是人类无法想象的

博克兰公羊菊石 *Arietites bucklandi*（Sowerby） 德国 侏罗纪 辛聂缪尔阶

（三）进行了量化和建模分析

1997年，韩玉英应用分形几何学的观点对菊石缝合线的形态进行了定量描述，其认为菊石缝合线具有分形结构，可以计算出分形维数。菊石缝合线的复杂性在进化过程中加剧，分形维数也相应加大，反映出古生物为了对外部环境主动适应、扩大生存空间而改变自身功能形态，揭示出生物系统表观的无序性和内在的规律性，以及古生物体内部各层次之间相互关系。古生物形态结构的分形维数可作为定量研究古生物分类和进化规律的重要标度。1996年，阴家润采用菊石形态来判断特提斯喜马拉雅海的深度，采取半定量的方法对西藏南部的聂拉木-古措地区的中侏罗纪阿连期至晚侏罗纪提唐期沉积环境进行分析，共识别出13个自水下20米到水下550米的陆棚至陆坡的不同水深环境，分析了特提斯喜马拉雅海盆的发育演化的特征。

幸运的是，我国有许多青年学者正在对头足类进行孜孜不倦的研究，如中国科学院南京古生物研究所季承研究员，目前从事西南地区中、晚三叠世的菊石分类学和古地理的研究；还有助理研究员方翔，主要从事早古生代鹦鹉螺化石系统分类学和演化方面的研究，等等。

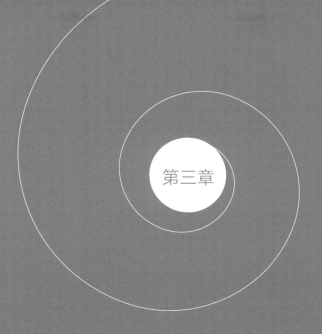

第三章

菊石的时代和种类

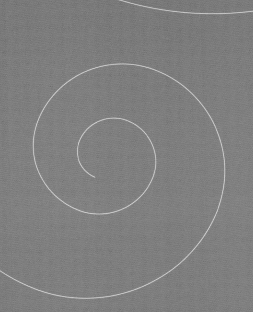

从志留纪末期到白垩纪后期生存的头足类各个亚纲中，菊石是非常成功的。在漫长的地质时期内，菊石在浅海中使自己适应了多样的小生态环境。在这期间，为了适应不断变化的生态环境，菊石的外形不得不变得多样化。科学家们用菊石的外部形态、不同地域的出现层位以及地层学来鉴定和划分不同的科、属以及（物）种。

地质时期头足纲演化大事记
Main evolutionary events of cephalopods throughout the geological times

新近系	Neogene	鞘形亚纲生存至今
古近系	Paleogene	
白垩系	Cretaceous	异型菊石大发展，菊石大灭绝
侏罗系	Jurassic	菊石类广泛分布，鱿鱼、章鱼和箭石出现
三叠系	Triassic	齿菊石发展
二叠系	Permian	85%生物灭绝，包括棱菊石
石炭系	Carboniferous	
泥盆系	Devonian	棱菊石出现
志留系	Silurian	
奥陶系	Ordovician	鹦鹉螺时代，三叶虫广泛分布
寒武系	Cambrian	寒武纪末期头足类出现
前寒武系	Precambrian	

菊石的时代大事记

在随后的章节中会描述一些不同时期的菊石，主要按照四个时间段讲述，分别是：古生代、三叠纪、侏罗纪、白垩纪。因为古生代的菊石的种类和数量相对于其他时期的较少，故将泥盆纪、石炭纪、二叠纪的菊石归在一起。菊石有成千上万的种类和形态，在此仅描述其中的一小部分，供爱好者欣赏。

喇叭角石未定种（隶属于头足目）　*Lituites* sp.　瑞典　奥陶纪

古生代，包括泥盆纪、石炭纪和二叠纪，这个时代的菊石有着类似的外形，所以被归入同一组中。这样做，也可以为形式繁多的中生代菊石留下更多的篇幅。

第一节　古生代

古生代指的是从寒武纪至二叠纪，距今五亿四千万年至二亿五千万年前的时期，古生代包括寒武纪、奥陶纪、志留纪、泥盆纪、石炭纪、二叠纪，以海生无脊椎动物三叶虫为代表物种，软体动物和棘皮动物最为繁盛。在奥陶纪、志留纪、泥盆纪和石炭纪又相继出现了低等的鱼类、古两栖类和古爬行类。

古生代环境的复原图

三叶虫　摩洛哥　奥陶纪

　　最早的菊石为似古菊石目的种类，出现在约四亿年前的欧洲。一种简单的、直壳的头足类，大部分科学家都认为它们是杆菊石（*Bactrites*）的后代。到泥盆纪中期，它们已遍布于除南极以外的每块大陆毗邻的浅海里。当时以及此后地质时期的大陆形态，不论是形状还是位置都与现今有所不同。

喇叭角石未定种（菊石的近亲）　*Lituites* sp.　中国　奥陶纪

喇叭角石未定种（菊石的近亲）　*Lituites* sp.　中国　奥陶纪

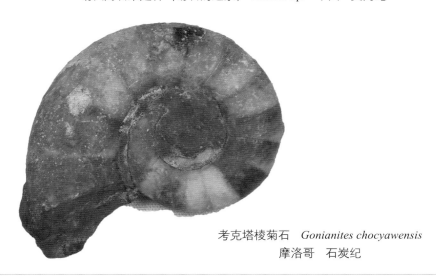

考克塔棱菊石　*Gonianites chocyawensis*
摩洛哥　石炭纪

在二叠纪末期到三叠纪的那段时间里，大部分陆地还是合并在一起的，地质学家称之为盘古泛大陆（Pangea）。菊石只在古生代的后半期才出现，在泥盆纪、石炭纪和二叠纪，菊石非常繁盛。古生代的菊石中，虽然一些个体已经相当大，特别是在泥盆纪时期的美洲和非洲，发现了很多个体较大的菊石，但大多数菊石个体较小，3~5厘米，有非常简单的缝合线。

在古生代的最后一亿五千万年间，菊石屡次遭遇了几乎令它们彻底灭绝的大灾难。这些灾难可能同彗星和小行星撞击地球、大幅度的海平面波动以及大陆板块移动密切相关。二叠纪是菊石的繁荣时期，它们遍布俄罗斯、印度尼西亚、中美和北美以及马达加斯加地区，北非和欧洲没有发现过这个时期菊石的踪迹。这告诉地质学家，或者他们搜寻得不够充分，或者菊石早在这个地方灭绝了。

到了古生代末期，只有两个目三个科的菊石继续存活。菊石不是唯一的牺牲者，当时90%（包括三叶虫）以上的物种都在二叠纪末期灭绝了。对所有类型的生命来说，古生代后期都是最残酷的时期，其灭绝程度远远大于古生物学记载的其他时期，然而大灭绝过后的幸存者却因此获得很大的机会。地球生命史是一部充满生物成功适应环境的血泪史。

下图这种中小型的泥盆纪的菊石形状像一个扁的透镜体，它有一个中等大小的脐，在壳的外表没有明显的肋和脊，有着棱菊石型缝合线，在北美、欧亚大陆、澳大利亚西部及北非都有发现，这枚标本来自德国。

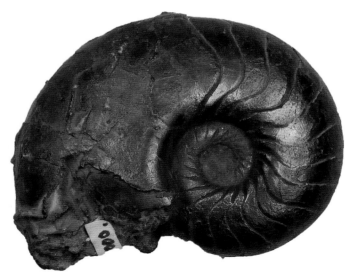

双槽无棱菊石　*Agoniatites bicanaliculatus*　德国　泥盆纪

　　下图这两枚漂亮的菊石来自摩洛哥，也属于棱菊石，也称为棱海神石，有着棱菊石型缝合线，脐宽，并且壳有着轻微的包旋，壳表面的肋条呈放射状排列，像车轮的辐条一样。很多来自摩洛哥的这种菊石标本被打磨和抛光来突出它美丽的缝合线。它们在北美、欧洲、亚洲以及北非都有分布。棱菊石体型都很小，很少超过5厘米。它们通常呈球形，具有一个小的脐孔，壳表光滑，生活在石炭纪早期浅海，成群聚集在生物礁上。由壳型可以看出，该种不善于游泳。

棱菊石未定种　*Goniatites* sp.　摩洛哥　石炭纪

　　在我国，也有许多漂亮的古生代菊石。
　　右图这种菊石来自我国广西，和其他古生代菊石外形相似，呈球形，个体小，脐孔小，缝合线简单。此种在我国广西发现，在新疆等地也有分布。

共腹菊石未定种　*Syngastrioceras* sp.　中国广西　石炭纪

左图所示的水城狭原菊石体形略扁，脐孔中等大，壳表缝合线为棱菊石型，产于我国的广西，在甘肃、内蒙古一带均有分布，为我国晚石炭纪的代表种类。

水城狭原菊石　*Stenopronorites shuichengensis*
中国　石炭纪

阿奈菊石的形态非常引人注目（下图），它们的螺旋之间互相分离，形成了环形的螺旋，从胎壳至壳口不断增大，螺环上分布细密的肋。它们在形态单一的泥盆纪菊石中，显得如此美丽和特别。

阿奈菊石未定种　*Anetoceras* sp.　摩洛哥　泥盆纪

　　古生代的阿奈菊石，产自摩洛哥地区，是早期菊石的一种。目前，这种化石十分少见。阿奈菊石因年代久远又被包裹在岩石中，使得专家清修起来十分困难，需要沿着自然的裂纹从里向外开启，最大限度地降低对化石的破坏。对于菊石的处理也需要技巧、耐心和独特的艺术眼光。展示菊石的最好方法是把它留在原石上。在处理过程中，如果标本完全脱离了原石，通常要把它放回原石中。所以这些阿奈菊石只有少数被完全清修出来，绝大多数仍嵌在岩石中，只露出了它们的轮廓。

阿奈菊石未定种　*Anetoceras* sp.　摩洛哥　泥盆纪

　　下图为古生代的角克里门菊石，有着平坦、窄圆的外壳，呈松弛、盘绕状，螺环几乎没有重叠，看起来与侏罗纪和白垩纪的菊石外形有些相似。

角克里门菊石未定种　*Gonioclymenia* sp.　摩洛哥　泥盆纪

　　右图所示的这种菊石隶属于棱菊石科，一般大小在 7 厘米左右，脐孔明显，有明显的棱菊石型缝合线。该种形态侧扁，壳体较薄，早期发育较慢，之后迅速生长。在海洋中对盐度的要求不高，它们通常在大陆架上被发现，因此科学家推测它们生活在浅海环境中。常见于乌拉尔山南部。

阿克图始画菊石　*Eothinites aktastensis*
哈萨克斯坦　泥盆纪

右图中的这两枚二叠纪的菊石来自我国广西，它们属于古生代后期的类型，但是与很多三叠纪的菊石一样有着齿菊石型缝合线，它们有圆盘状外壳，有窄的、独特的螺环。该种菊石分布于欧亚大陆南部、印度尼西亚。

新苏玛菊石未定种 *Neoshumardites* sp.
中国广西 二叠纪

二叠纪的灭绝事件是一个大规模的生物灭绝事件，也称为晚古生代的生物大灭绝，造成了地球上70%的陆生脊椎动物和海洋中96%的生物灭绝。对于菊石来说，只有少数保留下来，其中原雷卡尼菊石的一个支系*Medlicottia*属（下图）就是一个幸运儿，一直延续到三叠纪。

下图这种菊石体形侧扁，表面平滑，腹面呈弧形，脐孔很小，为典型的棱菊石型缝合线，该种适合游泳，一般分布于乌拉尔山脉的西坡，在帝汶岛也有分布。

奥比涅中豆菊石 *Medlicottia orbignyana* 哈萨克斯坦 二叠纪

帝汶岛保存有很多古生代时期的菊石化石，它们有坚硬厚实的外壳，以补偿它们简单的隔板和缝合线。这种外壳还可以帮助它们阻挡潜在的捕食者。

新苏玛菊石未定种　*Neoshumardites* sp.
帝汶岛　二叠纪

摩洛哥的菊石化石

而另一个古生代菊石的产区就是摩洛哥，摩洛哥的古生代海相沉积在世界上最为壮观。很多出产的菊石被打磨成工艺品进行出售。

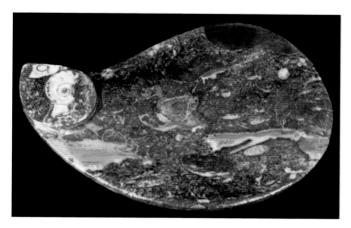

摩洛哥出产的菊石工艺品托盘

第二节　中生代

中生代，开始于约二亿五千万年前、二叠纪大灭绝之后，结束于白垩纪。中生代分为三个时期，分别是三叠纪、侏罗纪和白垩纪。

三叠纪开始出现爬行类和最早期的恐龙。在侏罗纪和白垩纪期间，恐龙统治着地球上除了海洋以外的所有地带。古生代的海洋中就已经兴旺的菊石，在中生代又继续着它们的繁荣。这些形形色色、非凡的动物几乎遍布于当时所有的浅海，直到三叠纪地球环境大变化时，导致它们再次濒临灭绝。虽然这导致侏罗纪菊石只剩下为数不多的几个科，到白垩纪就更少了，但是菊石属和种的数量却逐渐增多，开始多样化并再次适应和扩展到几乎全球所有的海域。到白垩纪末期，菊石演变出无数令人叹为观止的形状和类型，但是令人难以理解的是，最后它们竟然和恐龙一起彻底地灭绝了。

一、三叠纪

三叠纪时期，距今约二亿五千万年，持续了约 4500 万年，全球形成了一个超级大陆——冈瓦纳大陆。全球气候开始变暖，海平面逐渐上升，大陆内部气候温暖

三叠纪地球的想象图

而干燥，早三叠纪红色碎屑沉积在全球浅海区域非常常见。中晚三叠纪时期赤道附近浅海区面积逐渐扩大，气候逐渐温暖而湿润。三叠纪时期，是爬行动物和裸子植物的时代，三叠纪古气候与古地理的变化使海洋生物逐渐地走出大灭绝造成的困境，而菊石也随之得到了复苏和发展。

三叠纪和二叠纪的菊石外观很相近，但是此时菊石科的数目增加了。三叠纪菊石在科一级的数目远比其他时期的要多。这些菊石在二叠纪生物大灭绝中幸存下来，迅速发展为数量庞大得几乎占据了整个三叠纪海洋的生物群。菊石的外部形态也迅速地发生改变，不再是古生代单一、平滑的外壳类型了。

很多菊石发展出肋或是脊、凸节，或是刺针等特征，这些统称为瘤状饰。这些变化很可能是为了使它们在具备流线型（减弱水压）外壳，以利游动的同时，也能够抵御想吃掉它们的各种类型的捕食者，同时也有可能是为了吸引配偶。具有齿菊石型和菊石型缝合线的菊石类型在二叠纪的大灭绝中幸存了下来，这些菊石在三叠纪中的种类越来越多，就目前发现的数量和种类来说，它们比整个古生代种类的两倍还要多。

齿菊石在欧洲分布较广。它们有宽大的脐，后期旋环包卷前期旋环，壳饰发达，两侧有粗肋和瘤结。齿菊石型缝合线就是以这个菊石的属名来命名的。

大齿菊石是一种光滑的小型菊石，它们外表面具有放射状收缩沟，自中心辐射而出，覆盖整个壳面。壳外卷，脐宽，它们具有简单的齿菊石型缝合线，缝合线有少量波形和突高点，即鞍线（saddle）和叶线（lobe）。前伸的鞍部浑圆完整，后伸的叶部再分为齿状。大齿菊石生活在三叠纪浅海中。

大齿菊石　*Ceratites laevigatus*
德国　三叠纪　拉丁阶

下图所展示的这种美丽的菊石来自挪威，有的时候菊石是以其被发现的地域命名，这种菊石的命名就是一个例子。这种菊石有较小的脐孔，外壳呈内卷形。

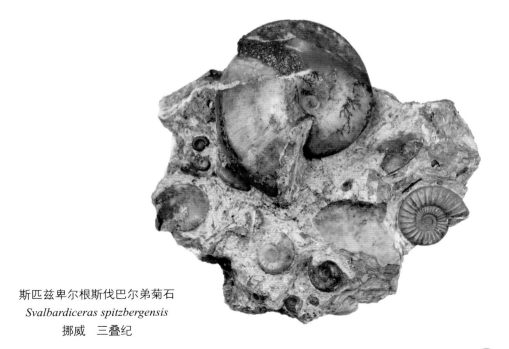

斯匹兹卑尔根斯伐巴尔弟菊石
Svalbardiceras spitzbergensis
挪威　三叠纪

虽然古菊石属的种类是圆形的，小而鼓凸，看上去很像古生代那些与它们有亲缘关系的菊石，但是它们却有着复杂的菊石型缝合线。

塔西古菊石　*Arcestes tacitus*
印度尼西亚　三叠纪　卡尼克阶

古菊石源于三叠纪中后期的北半球，在欧洲、印度尼西亚、西北美洲、喜马拉雅山脉等地常见。右图这枚标本来自印度尼西亚三叠纪。

古菊石未定种　*Arcestes* sp.　印度尼西亚　三叠纪

伟海乐菊石　*Halorites macer*　印度尼西亚　三叠纪

帝汶切割菊石　*Anatomites timorense*　印度尼西亚　三叠纪

牌菊石属的特点是旋环松弛地盘绕，几乎没有重叠。它有着光滑、窄圆的外壳和复杂的菊石型缝合线，看起来与生活在侏罗纪和白垩纪的弛菊石外形很相似。牌菊石也是个遍布世界的类型，但是它们很少出现在寒冷的北方地区。下图中的这个标本来自盛产二叠纪和三叠纪菊石的印度尼西亚。

牌菊石未定种　*Placites* sp.　印度尼西亚　三叠纪

被称为盘古泛大陆的巨大古陆在三叠纪末期分裂成了多块较小的大陆和更小的海岛，成功统治了三叠纪海洋的菊石在这次变动中又几乎灭绝。

三叠纪末期的灭绝事件非常严重，以至于只发现一个菊石超科存活了下来。在菊石所经历过的三亿三千万年的地质时期中，唯有白垩纪的大灭绝事件比三叠纪末期的灭绝事件对菊石的破坏性更强，导致了菊石的彻底灭绝。

米克菊石光滑、扁圆。它们分布广泛。米克菊石复杂的外形与后来发现的很多菊石相似，例如米氏糕菊石（*Placenticeras meeki*）。它们流线型的外形非常有利于快速游泳。

米克菊石未定种　*Meekoceras* sp.　中国西藏　三叠纪

右图这枚海登菊石出产于俄罗斯，它的缝合线呈间隔状，简单与复杂相间，非常漂亮。这个时期的菊石个体普遍偏小，因此这枚直径如此大的菊石非常难得（直径43厘米）。

海登氏海登菊石　*Hedenstroemia hedenstroemi*
俄罗斯　三叠纪

二、侏罗纪

侏罗纪距今二亿年至一亿四千四百万年，当时地表同现在的地球看起来大相径庭。欧洲当时由很多小岛组成，北美洲被一个巨大的内陆海从北面分隔开，而俄罗斯地区的大部、非洲、亚洲、南美洲以及马达加斯加在那时候都被海洋所覆盖。

侏罗纪时期地球

在这个时期，恐龙统治了陆地。菊石数量增多，为海洋中的优势生物。当时几乎所有菊石的外壳都很薄，并有着复杂的缝合线，肋、脊、突结装饰了它们的外壳。一些很美的菊石都出自欧洲地区的侏罗纪地层，如英国、法国、德国、波兰、意大利、西班牙和俄罗斯等。

亚光滑菊石呈宽圆形，脐孔大而深。多数幼年期壳表有肋和大而深陷的脐，成年后肋渐消失。其鼓圆外形是区别于其他大部分菊石的主要特征。亚光滑菊石主要发现于北半球，如俄罗斯、加拿大、美国、非洲北部地区和欧洲大部。

亚光滑菊石 *Cadoceras sublaeve*
英国 侏罗纪 巴柔阶

　　亚光滑菊石的外壳有的被乳白色的方解石替代，有的被闪亮的黄铁矿替代，还有一些具有珠母光彩。它们大部分生活在侏罗纪时期欧洲的浅海，形式多样，扩散到全球。欧洲的若干菊石穿越大洋，扩展到了北美洲的西北部、亚洲、非洲和南美洲。

　　对地质学家来说，侏罗纪菊石极其重要。通过迅速演化的菊石类，科学家们把西亚、欧洲、北非的地层进行了卓有成效的对比。地球上再没有发现其他化石能够像菊石这样对地质学家们意义非凡。侏罗纪菊石的科和属，远远多于其他时期。很多菊石看起来非常相似，其实这仅仅是表面现象，侏罗纪的菊石之所以发展得如此繁荣，除了当时优良的环境，也与它们能够适应环境和捕食者的变化有关。

　　钝星菊石是侏罗纪早期最常见的菊石，体型较大，装饰物简单，标本十分美丽，具有绅士的优雅。钝星菊石主要分布在侏罗纪早期的沉积岩中，壳上有弯曲的肋，在腹侧有龙骨；一般分布的深度较中等，游泳速度较慢，以小型的海生动物为食。

钝星菊石　*Asteroceras obtusum*　英国　侏罗纪

指菊石属壳外卷的类型，旋环多而且明显，脐部浅而宽大，看起来很像一条盘绕着的蛇，而且几个世纪以来艺术家们处理这种菊石的时候，都是在口围雕刻上一个蛇头，从而使其看上去更像一条蛇。在地层中常常发现数千个指菊石化石个体埋藏在一起，推测它们可能死于产卵后不久。指菊石分布非常广泛，除了南极洲和大洋洲，其他所有大陆都有它们的踪迹，在欧洲数量尤其庞大，最好的标本通常来自英国和德国。该种游泳速度缓慢，生活于浅海。

指菊石未定种 *Dactylioceras* sp. 德国 侏罗纪 土亚辛阶

帕金森菊石与其他欧洲的侏罗纪菊石很相似，但个体要大一些，它们的肋细致精美，直线状发散，一直绕过腹部（外边），旋环互相叠覆。

帕金森菊石 *Parkinsorda parkinsori* 法国 侏罗纪

　　帕金森菊石的分布从中东到英国，它们黑色的缝合线和浅色的壳面形成了鲜明的对比，使之平常的外形增添了几分美观。

　　下图展示的这种壳饰发达的小菊石首先发现于欧洲、亚洲和北美洲的北方域（中生代古地理域），它是侏罗纪中期沉积的标准化石。宇宙菊石具有不规整的肋和瘤结的装饰。

铸造宇宙菊石　*Kosmoceras castor*　俄罗斯　侏罗纪　卡洛夫阶

　　宇宙菊石的种之间变化很大，乍看起来好像不是一个科的类型。下图中的标本来自俄罗斯的泥岩中。

图片中的菊石具有金属的光泽

宇宙菊石　*Kosmoceras* sp.　俄罗斯　侏罗纪

　　菊石在形成化石的过程中，由于地质环境等因素的影响，有些腔室的中空部分没有被矿物完全填满，留出了一部分区域，通过这样的菊石化石可以清晰地看到它的腔室结构。如下图所示，我们可以看到这枚路德维希菊石的部分腔室，腔室中填充的矿物经过亿万年的演化，已经形成了结晶体。

路德维希菊石　*Ludwigia* sp.　德国　侏罗纪　阿林阶

　　里克昆史戴特菊石，外形呈球状并长有明晰的肋，它们的肋从脐出发，延伸至背部然后分开，粗糙且突出。这种外形是侏罗纪及白垩纪菊石常有的形态。下图中的这枚化石标本由于氧化铁进入菊石的体内，所以呈现出金褐色。

里克昆史戴特菊石　*Quenstedtoceras leachi*　俄罗斯　侏罗纪　卡洛阶

　　旋菊石，全世界分布广泛。旋菊石以其圆形的旋环轻微重叠为主要特征，旋环上有清晰明显的肋，而且这些肋均匀分布在旋环表面。有些种类具有收缩沟，有的比其他的要扁平。但是它们的外观看上去还是相似的，下图所示的菊石就是旋菊石科很多菊石中的一种。

博拉双肋旋菊石　*Perisphinctes（Dichotomosphinctes）bouranensis*
马达加斯加　侏罗纪　牛津阶

　　弛菊石在世界范围内都有分布。弛菊石从侏罗纪早期一直生存到白垩纪晚期，是已知的菊石化石当中跨越年代最久的类别。弛菊石外壳一般都很光滑，旋环圆，迅速变大，外卷至松卷。其缝合线非常复杂，壳面上可能有纤小的肋和收缩沟。弛菊石的外壳结构不适宜迅速游泳，但下图中的坚实弛菊石却能够迅速游泳。目前，弛菊石和叶菊石是古特提斯低纬度地区深水沉积中大量含有的化石。

坚实弛菊石　*Lytoceras fimbriatum*
法国　侏罗纪　土亚辛阶

　　弛菊石的壳为反卷结构并有宽阔的脐，旋环部分圆而均匀，壳上装饰有纤细、紧密的肋条和不常见的凸缘。弛菊石的外壳大部分都很光滑，而且旋环变大，有的可能重叠。其缝合线通常非常复杂。因为壳的形状与其快速游泳的能力很不协调，所以推断它可能生活在海底附近。这种菊石在低纬度浮水沉积中大量存在。

多角弛菊石　*Lytoceras cornucopia*
法国　侏罗纪　土亚辛阶

裸菊石分布于世界各地，是侏罗纪早期的标准化石。裸菊石可能起源于叶菊石，但仅保留了简单的缝合线。平坦裸菊石是英国北萨摩尔特的典型化石，具有一定的游泳能力。该种一般在侏罗纪早期的沉积中能找到，右图是早侏罗纪赫唐阶菊石带的标准菊石。

平坦裸菊石　*Psiloceras planorbis*　英国　侏罗纪　赫唐阶

大头菊石是球形的、肋非常明晰的类型，在世界很多地方都有发现。它们粗糙且突出的肋从脐部发散出来，并延伸至外侧，然后分叉。肋分叉的特征在侏罗纪和白垩纪初期的菊石中常见，这个种类很典型地表现了这一特征。由于有氧化铁的存在，左图这枚菊石呈金褐色。

大头菊石　*Macrocephalites macrocephalus*　德国　侏罗纪　卡洛阶

阿玛勒特菊石具有侧扁的外卷壳，腹部装饰以横肋，犹如盘旋的绳索，侧面具有镰刀状横肋及稀疏的旋线。流线型的体形适合快速游泳。该种也可能由叶菊石演化而来。

阿玛勒特菊石 *Amaltheus margaritatus* 德国 侏罗纪

镰脊属菊石是侏罗纪时期常见的化石，它的外壳侧扁，尖龙骨，腹侧和旋环侧面以镰形的横脊为特征，壳口部有短的嘴状突。镰脊菊石为快速游泳能手，捕猎小动物。该属广泛分布于世界各地。

假盘蛇镰菊石 *Harpoceras pseudoserpentinum*
法国 侏罗纪 土亚辛阶

微小假咖拉菊石　*Pseudogaratiana minima*　德国　侏罗纪

　　下图中的这枚菊石是产自英国的羊星菊石。在经历了数亿年地质变迁之后，像不同颜色的玉一样，呈现在大家面前。由于腔室内填充的矿物质不同，有时两个相邻的腔室显示的颜色也会不同。这就使得这些菊石可以很好地展现出缝合线的形状。

羊星菊石　*Aegasteroceras* sp.　英国　侏罗纪　辛聂缪尔阶

三、早白垩世

早白垩世距今一亿四千四百万年至九千八百五十万年，漫长的白垩纪以地球上大陆大规模的变迁作为开始的标志。南美洲大陆、非洲大陆和南极大陆分离，欧洲开始远离北美大陆，而且一道巨大的浅海将北美的东部和西部分离。

早白垩世的地球

紧随侏罗纪之后，就有一次菊石的大灭绝事件。但是，这次海平面变化造成的新环境和大陆板块的移动并没有使这些生命彻底毁灭。菊石虽经历了这些变化，它们还算是运气尚佳，数量和种类仍然像以前一样繁多。就是在这个时期，很多异形菊石（螺丝锥状的、松散盘绕的，甚至近乎直壳形状）出现了。壳针、瘤结、结节和肋出现在大部分的菊石表面，可能象征着新的捕食者的出现和菊石对环境变化的适应。

很多地势低的大陆被浅海所覆盖。在这一时期，美国南部以及墨西哥有丰富的菊石群，北非、马达加斯加、欧洲南部和中部、亚洲的南部和西部、澳大利亚的昆士兰也是菊石群的栖息地。

白垩纪早期的菊石显示了相当可观的多样性。存活到白垩纪的菊石在快速变化的环境中不得不具有多样性和高度的适应性。从这时期以后，菊石的科、属和种类的数量都开始下降。

塔菊石属和海洋中很多腹足类相像，它有一个高的盘绕的塔顶，壳面饰以多排瘤粒，颇为独特。它来自塔菊石科（Turrilitidae），和世界上常见的毛发菊石（*Ostlingoceras*）是近亲。它们分布在欧洲、北美洲南部，从法国到北非地区及印度都有发现。

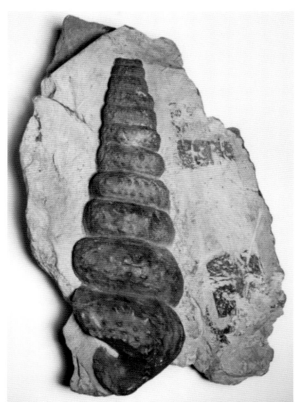

欧乐提塔菊石　*Mariella oehlerti*　日本　白垩纪　土伦阶（左）
尖锐锥塔菊石　*Turrilites acutus*　法国　白垩纪　赛诺曼阶（右）

钩菊石属看起来好像一个乐器。它们的旋环逐渐松散，垂直伸展，最后鱼钩般弯曲。有的壳上可能有纤细或粗糙的肋或者结。钩菊石在美国、欧洲各国、哥伦比亚、非洲东南部和马达加斯加都有发现。

钩菊石未定种　*Ancyloceras* sp.　俄罗斯　白垩纪　阿普梯阶

　　美芮妮副刺菊石的气壳同侏罗纪的指菊石属相似，只有肋装饰着壳。但是成熟的美芮妮副刺菊石有一个长的、鱼钩形状的腔室，身体从最初盘旋的地方伸展开来，它们有一个相对较重的身体。大的盘绕的气壳能够提供很大的浮力。它们来自欧洲和北非地区。

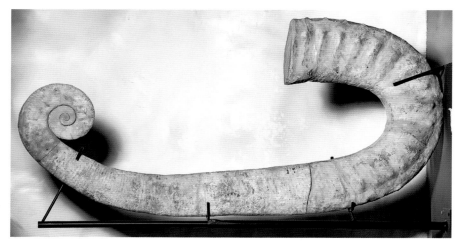

美芮妮副刺菊石　*Acrioceras（Paraspinoceras）meriani*
摩洛哥　白垩纪　欧特里夫阶

大连贝壳博物馆中的美芮妮副刺菊石
Acrioceras（Paraspinoceras）meriani
摩洛哥　白垩纪　欧特里夫阶

莫顿菊石是广布于白垩纪早期的化石，个体直径可以达到50厘米。壳外旋，腹侧具有粗壮的龙骨，旋环切面接近方形。

膨胀莫顿菊石　*Mortoniceras inflatum*　匈牙利　白垩纪

莫顿菊石为属型种，据推测，其只能在水中缓慢游动，分布于欧洲、非洲以及美国。

黄昏莫顿菊石　*Mortoniceras vespertlnum*
匈牙利　白垩纪　阿尔比阶

　　下图中这个漂亮的菊石是在靠近俄罗斯乌里扬诺夫斯克的灰岩结核中发现的，叫做德赛菊石，呈扁平状，上面有突出的从直的到微微弯曲的雕刻样肋条，有一个扁平的有肋的腹部。这个属在俄罗斯、澳大利亚（昆士兰）以及西欧都有分布。

德赛菊石　*Deshayesites deshayesi*　俄罗斯　白垩纪　阿普提阶

尖转菊石有明显的、细密的肋，像是一个有辐条的轮子。它还有一个窄的、显著的脊棱，包绕外壳一圈。这些特点使尖转菊石看起来很独特，这样的构造能使它游得更快。尖转菊石的分布北到美国的俄克拉荷马州，南至秘鲁。

多诚尖转菊石未定种　*Oxytropidoeras multifidum*　秘鲁　白垩纪　阿尔比阶

在蹄菊石中，真蹄菊石是一种漂亮的、外卷的圆形菊石，有显著的肋条和结突。肋曲折地在中央和外侧突结之间穿过体侧，有一个深的凹陷绕着壳的外围到体管。有的蹄菊石，如下页图A、C所示，有很少的突结和精美的肋条；但是其他种类，如下页图B、D、E、F、G所示的菊石，则有着令人惊奇的修饰。壳中等内卷，侧面圆凸且具有束状的粗横肋，两端收束成瘤突，腹部侧面具有沟槽。生活时完整的壳体可能是目前标本的三倍大小，时代为白垩纪的早期，分布地区为欧洲。

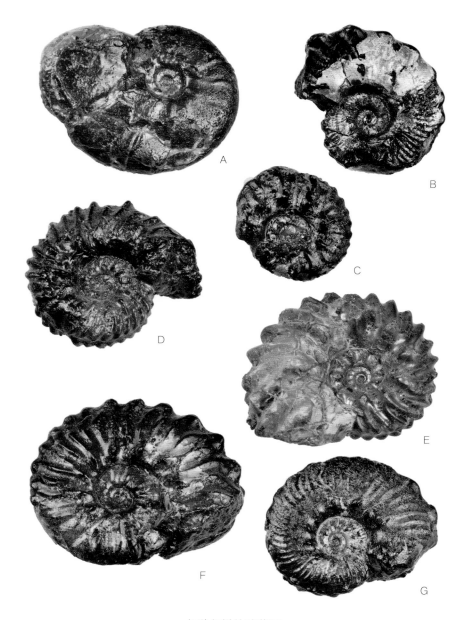

各种各样的蹄菊石

A．亚副布当蹄菊石　*Beudanticeras subparandieri*　法国　白垩纪　阿尔比阶

B．亚宽真蹄菊石　*Euhoplites sublautus*　法国　白垩纪　阿尔比阶

C．钱币表蹄菊石　*Epihoplites denarius*　法国　白垩纪　阿尔比阶

D．轻舟蹄菊石　*Hoplites paronai*　法国　白垩纪　阿尔比阶

E．美好蹄菊石　*Hoplites benettianus*　法国　白垩纪　阿尔比阶

F．特提斯双型蹄菊石　*Dimorpholites tethydis*　法国　白垩纪　阿尔比阶

G．宽大真蹄菊石　*Euhoplites latus*　法国　白垩纪　阿尔比阶

澳洲菊石，顾名思义，首先发现于澳大利亚。它们盘旋的旋环有的相互接触，在接近中心的部分有宽大的肋脊和大小不等的结节，而在远离胎壳的外部有一些笔直的肋。澳洲菊石的分布非常广泛。该属生活在白垩纪早期，在浅海缓慢游泳。目前，在巴基斯坦、美国的加利福尼亚州、欧洲各地和澳大利亚都有发现。

斯鲁恩巴克菊石属是欧洲白垩纪晚期菊石的代表属之一，因其富有变化的壳饰而分为很多种。有的壳面光滑平坦，有的圆凸具有结节；腹侧有发达的龙骨，最大的个体直径超过25厘米；能够快速游泳。

杰克澳洲菊石 *Austrliceras jacki*
澳大利亚 白垩纪 阿尔比阶

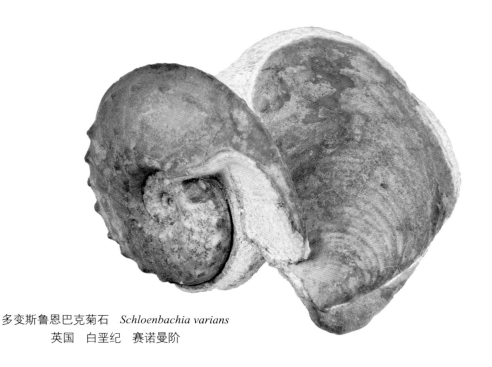

多变斯鲁恩巴克菊石 *Schloenbachia varians*
英国 白垩纪 赛诺曼阶

羊角菊石壳宽松，旋环之间互相不接触且随着生长迅速增大。

罗丽羊角菊石　*Crioceratites loryi*　法国　白垩纪　欧特里夫阶

松散的壳形在菊石和鹦鹉螺的演化过程中曾经反复多次出现。羊角菊石为肉食性捕食者，它一般生活在深海中。

多瓦雷羊角菊石　*Crioceratites loryi*　法国　白垩纪　巴列姆阶

有的羊角菊石的表面有粗壮的肋，有的有瘤突，如双宽羊角菊石，粗肋间插有
2~3条无结节的稍弱的横肋，腹侧很圆。

双宽羊角菊石　*Crioceratites dilatatum*　法国　白垩纪　欧特里夫阶

　　下图所示的这个白垩纪的盘旋的菊石外形被很多其他白垩纪菊石所模仿。这种
形状和许多其他盘绕的菊石化石种类相似，它的旋环逐渐增大，旋环间距离逐渐增
加（完全外卷），旋环中部有一排壳刺的纵肋沿腹部延伸。羊角菊石分布在马达加斯
加、日本、墨西哥、美国（加利福尼亚州）、阿根廷以及欧洲。

库尼尔羊角菊石　*Crioceratites curnier*　法国　白垩纪　欧特里夫阶

　　本页两张图所展示的是外观非常独特的菊石——杜维尔菊石，它们的外形与其他种类的菊石很容易区分。它们壳上的肋条分布紧密，上面被小瘤粒或者是方形的瘤结覆盖，有时也有壳针。从它们奇特的壳饰推测，这些菊石可能生活在充满了天敌的环境当中，需要外壳上的这些"装饰"来进行自我保护。

乳粒杜维尔菊石
Douvilleiceras mammillatum
法国　白垩纪　阿尔比阶

乳粒杜维尔菊石　*Douvilleiceras mammillatum*
英国　白垩纪

　　杜维尔菊石壳内卷，侧扁，具有简单粗壮的横肋，连续穿过腹侧，每条横肋均具有许多平滑的瘤突。宽的螺旋和瘤突在水中产生相当大的阻力。因为杜维尔菊石不善于游泳，可能大部分生活在海底，食腐肉或者猎食。

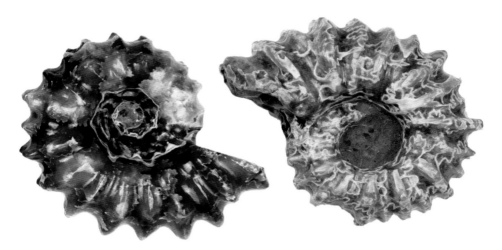

乳粒杜维尔菊石　*Douvilleiceras mammillatum*　打磨后的标本

四、晚白垩世

　　这一时期是九千八百五十万年前至六千五百万年前，这个时期的菊石受到很多收藏者的钟爱，它们是世界上菊石亚纲的尾声。在所有头足类化石中，这个时期的菊石通常保存绝佳，易见个体大、外形非常独特。晚白垩世外形独特的菊石类型比其他任何时期都多，但是到白垩纪末期，科的数量减少了。浅海覆盖的北美的大部分，成为数百个菊石属种的繁殖地和栖息地。

晚白垩世时期的地球

值得一提的是，在白垩纪晚期，一些异形类的菊石遍布在这些海域。从墨西哥北部到加拿大区域，在数千英尺（1英尺≈0.3048米，编者注）厚的砂岩和页岩中保存着这些特殊的生灵的遗骸。

当围绕陆地的浅海开始后退时，现代的大陆则开始成形。菊石在科一级的数目减少了。在白垩纪晚期，这片海域像其他类似的海域一样消失了。白垩纪后期大量动物灭绝，包括菊石、恐龙、海洋爬行动物和其他很多动物都成了牺牲品。虽然这次大灭绝没有二叠纪那样重大，但它使栖息在地球上60%的动物灭绝。这次地球历史上的危机比其他大灭绝更令人关注，因为恐龙和菊石都突然消失了。目前我们还不清楚确切的灭绝原因，但它说明了灾难可能在任何时候发生，能彻底改变我们的世界。

杆菊石在世界范围内都有发现，是晚白垩世后期最多的菊石之一。它们通常直且长，壳上有轻微的波纹或是肋，其壳体断面形态从圆形到扁椭圆形均有。

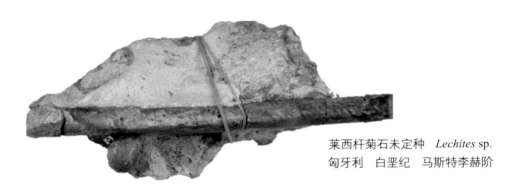

莱西杆菊石未定种　*Lechites* sp.
匈牙利　白垩纪　马斯特李赫阶

Sciponoceras sp.
匈牙利　白垩纪　土伦阶

　　杆菊石是北美地区发现的最重要的化石之一，分布广泛，并且被运用于晚白垩世地层对比。种的鉴定基于壳饰、缝合线和壳体断面等方面差异。虽然成千上万的杆菊石在北美地区被发现，但从来没有发现其颚板。因此，或者它们是以浮游生物为主的滤食者，或者我们还没有发现。

　　船菊石是船菊石科（Scaphitidae）下所有菊石化石种的通用名。气壳紧紧盘旋而住室松散盘绕是它们最经典的特征。它们在全世界都有发现，但主要是在北半球。像杆菊石一样，它们在地层对比和年代确定中起到了重要的作用。

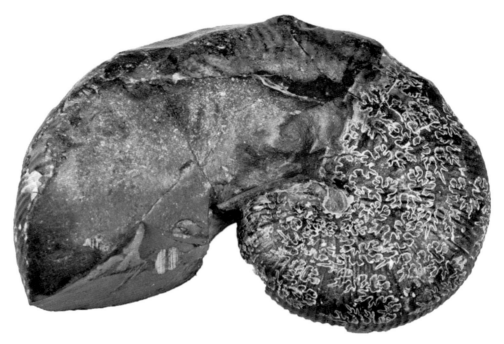

膨凸船菊石 *Scaphites gibbus* 美国南达科塔州 白垩纪 马斯特里赫阶

　　船菊石虽个体小，却是个贪婪的捕食者，它们用鹦鹉喙一般的颚板来压碎食物。它们显示出高度的性双形现象，雌性通常是雄性的1.5倍到2倍那么大。

　　糕菊石在世界各地都有发现，但在北半球尤为丰富。它们的壳具有漂亮的彩虹色，通常用于制作珠宝及展示。没有壳层的标本则一般被仔细地处理以展示它们华丽的缝合线。一些糕菊石长得很大，有的壳径超过1米。它们旋环卷得很紧，两侧扁平，断面高耸。不同的种通常以不同的壳饰特征、外形和缝合线来鉴别。

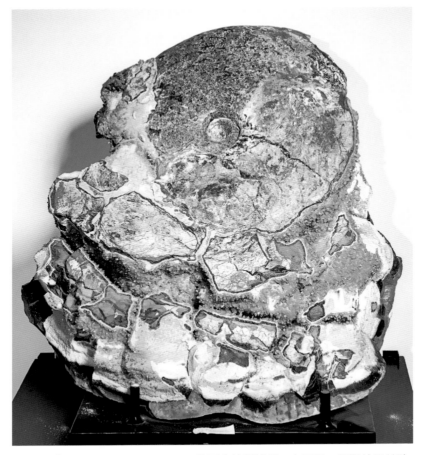

米氏糕菊石　*Placenticeras meeki*　美国南达科塔州　白垩纪　马斯特里赫阶

厚饼菊石是所发现的大个体的菊石之一，有的壳径达1.5米。厚饼菊石在从极地到赤道的每一个大陆上都有发现。想必它们是很优秀的游泳者，能够横渡深水海域。现代鹦鹉螺明显不能也不会做这些事。厚饼菊石有一个盘旋很紧的旋环以及非常华丽的缝合线。

厚饼菊石未定种　*Pachydiscus* sp.
格鲁吉亚　白垩纪　坎潘阶

　　孪生菊石可能是最与众不同、最有特点的菊石之一。在北美洲、欧洲和非洲都有发现。孪生菊石的壳呈渐渐收敛、松散盘绕的螺塔状，有的壳上有很大的壳刺和宽肋。根据其形态，孪生菊石很可能游泳缓慢，但当猎物靠近的时候，长长的触腕能快速地将其捕获。孪生菊石有强大的颚板，说明它们是一类凶猛的猎食者。

史蒂文孪生菊石　*Didymoceras stevensoni*
美国　白垩纪

　　多折菊石是外形怪异的菊石，很像孪生菊石，但是这两个类型不会共生在一起。孪生菊石在北美地区的西部非常普遍，而多折菊石多栖居在太平洋沿岸。

多折菊石未定种　*Polyptychoceras* sp.　法国　白垩纪　康尼亚克阶

外观特殊的多折菊石和同属一科且为该科最大的产自南极的文件菊石（*Diplomoceras*）的形状很相似。多折菊石的直壳最多能有五次连续折返，它们有直而简单的肋，在直壳上没有突结和壳针，多折菊石仅见于日本、英国、哥伦比亚和加拿大。

多折菊石未定种　*Polyptychoceras* sp.　日本　白垩纪康尼亚克阶　伴有双壳类叠瓦蛤属 *Inoceramus*

尽管楔盘菊石在世界各地都有发现，但是除了北美洲以外，在世界其他地方很稀少。它们是地球上最后的菊石之一。它们的整体形状和糕菊石相似，但是它们的脐要小一些，壳很扁平，腹部边缘呈尖削的刀刃状。同世界其他地方的菊石相比，美国南达科塔州的楔盘菊石拥有最令人难以置信的彩虹色。

有一种棱镜楔盘菊石被圆形的石头包裹其中，有经验的采集人会小心翼翼地凿开石头，将石头打开后，菊石就呈现出来了。

棱镜楔盘菊石　*Sphenodiscus* sp.
美国　白垩纪　马斯特里赫阶

日本菊石是世界上最奇异、最不寻常的菊石之一。它们尽其所能地平旋，螺特、曲折、弯曲或是直伸，以至于日本菊石看起来像大量缠结的、走向不同的旋环的综合体。这种菊石产量非常稀少，所以极为珍贵，是收藏者追逐的对象。它们分布在英国、马达加斯加和日本等。

日本正扭菊石 *Nostoceras（Eubostrychoceras）japonicum*
日本 白垩纪

哈氏锯圈菊石是高度装饰的类型，在日本、马达加斯加、非洲、欧洲、加拿大以及美国的西部和中部都有发现。大部分哈氏锯圈菊石有明显的肋和小结，但是一些种类有长长的壳刺，以及旋环的围圈。毫无疑问，这些长的壳刺可以保护它们，使猎食者感到困惑，加大了猎食者猎食的难度。

哈氏锯圈菊石 *Prionocyclus hyatti*
美国 白垩纪 土伦阶

第四章

菊石在我们身边

第一节　菊石的灭绝

　　菊石是地球上曾经存在过的动物中进化最成功的一类，但是这些神奇的动物在白垩纪遭受了与恐龙以及当时地球上60％的物种相同的命运——彻底灭绝！是什么样的灾难使这些如此适应环境的生命彻底灭绝了呢？科学家们普遍认为当时的自然环境一定是发生了天翻地覆的变化。是某种单一因素的作用导致了它们的死亡，还是多种因素共同作用的结果呢？这个问题还没有答案。但是为了查明它们消失的原因，科学家必须利用保存在过去的岩石中和现在的自然力与自然事件中的证据，调查导致多次生物大灭绝的不同性质的地质事件，可能会有助于确定生物绝灭的原因。现在的情况是，很多动物都濒临灭绝，因为它们要面对自然和人类施加的巨大压力。

　　菊石兴旺了三亿年的时间。回溯古地球历史，从泥盆纪一直到白垩纪后期，我们可以想象众多形态各异的菊石在海水中繁衍生息的繁荣景象。虽然在整个泥盆纪两次险些彻底灭绝，但是菊石的数量和种类在变故之后都曾增多。在石炭纪和二叠纪期间，菊石也经历了衰退和复兴。到二叠纪末期，菊石的数量和种类大大减少，直到最后它们几乎和其他动物一起消亡。三叠纪期间，菊石再次发展、繁荣，菊石在这个历史时期类型最多样，并且遍布世界各个海洋。虽然这时菊石的种类出现了前所未有的多样性，但是一些事件的发生又致使几乎所有的种类都在三叠纪被消除，整个菊石目只有一个超科幸存了下来，得以存活到侏罗纪。显然一些类似的事件一次又一次地发生，导致了世界范围内的生物大灭绝。

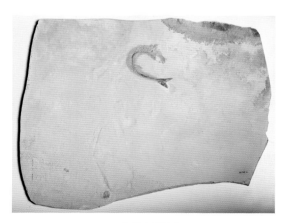

小鱼与菊石

　　菊石在侏罗纪和白垩纪有了爆炸性的发展。但是，随着白垩纪末期的临近，菊石的种类、属和科都开始减少。

菊石工艺品

到了霸王龙横行的时期，菊石只剩下几个科存活在少数几个地方。那时一颗巨大的彗星或小行星撞击了地球上现在的墨西哥尤卡坦半岛，从而结束了白垩纪。这个事件可能是导致菊石彻底灭亡的主要原因。

安迪马达加斯加菊石　*Hyphatoceras*（*Madagascarites*）*andimakensis*
马达加斯加　白垩纪　三冬阶

也许是当时大规模的地壳运动、海平面的大幅度下降、内陆海的消失、巨大彗星的撞击，也可能是这些因素综合作用的结果，导致了菊石的灭绝。但是不管怎样，世界上曾经最兴旺的一种动物就这样消失了。对菊石的研究可以帮助科学家把这个奇妙星球上令人迷惑不解的、生命的零星片段信息汇总在一起，从而可以使我们理解为什么有些物种繁衍了下去，而有些物种却消亡了。

第二节　菊石的保存

从泥盆纪到白垩纪，世界范围内海相沉积的不同时期的地层里都发现过菊石化石。菊石在砂岩、石灰岩、粉砂岩、泥灰岩、泥岩和页岩中都有保存。在这些被发现的菊石中，有些菊石的原始壳层可以完全保存下来，而有些菊石的壳则已完全溶蚀。在很多剖面，菊石壳体会被矿物质完全替代，例如黄铁矿、方解石或者重晶石。最常见的是菊石保存在砂质、泥质、粉砂质或者灰岩的结核中。这些圆的、卵形的或者被挤压的结核围绕着腐烂的海洋生物形成，分解腐烂的动物周围形成的黏稠物、吸引并胶结了大量沉积物，于是动物遗骸便被包围在一个石质墓穴之中。

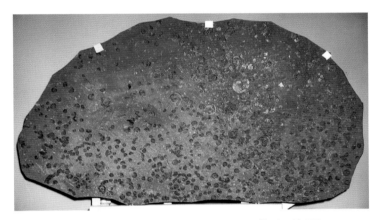

普通指菊石　*Dactylioceras communis*　德国　侏罗纪

结核通常将菊石以完好的状态保存，不仅壳保存得很好，而且有时肌痕、颚板以及其他共生的化石也保存得很好。保存在砂岩中的菊石表明是近岸或滨岸沉积相，在这种环境下发现的菊石大部分是破损或是折断了的，虽然它们的气壳往往是空的，但是依然具有良好的（外部）特征。

前曲前莱伊尔菊石　*Prolyelliceras prorsocurvatum*
秘鲁　白垩纪　阿尔比阶

在粉砂岩和泥岩中发现的菊石通常会被压得扁扁的，虽然它们还有可能保留有原始壳层，但是很难鉴定和研究。这样的沉积是在海底形成的。在松散的页岩和泥岩中发现的菊石很难取样，因为它们可能只有壳而没有填充物，或者有时被易于分解的黄铁矿充填并替代。

第三节　菊石的发掘和处理

如果你对地质学有基本的了解，你会发现菊石的发掘是令人愉快的工作。在采集的过程中，确定采集地点是所有工作的基础。你必须对采集地点有一定的了解。首先是地质年代，你在地质年代太老或太新的岩层里都无法找到菊石。其次，需要了解地质状况，菊石是生活在海洋中的，如果你在曾经是陆地沉积的岩层而非海洋沉积的岩层中寻找，也一定找不到它们。一定要使用地质图帮助确定中生代海相沉积区。

庞克强健菊石　*Erymnoceras banksii*　俄罗斯　侏罗纪　卡洛阶

当你决定去某地寻找菊石的时候，无论是多么小的工作，都要首先找到这块地的所有者，在挖掘和工作之前获得许可。检查自己的行为是否违反当地的法律。

笔者在法国采集古生物化石标本

　　在野外挖掘的时候要使用正确的方法。如果菊石标本嵌在岩石中，要沿着自然的裂理从外启开岩石，这样对标本的破坏程度会减到最小。如果标本被破坏了，就收集所有的标本碎片和一些环绕标本的岩石。应该随时关注一切和菊石有关的各种东西。很可能某人某天发现了保存菊石的软体部分，或者别的重要信息，所以千万不要随意丢弃看似无用的岩石。

　　比较聪明的做法是同时对菊石及其相关的生物群都有所了解。从化石所在的岩层中发现未被描述过的新发现的种类是很普遍的，而对于地质学者和古生物学家来说，收藏、保存和记录这些化石所在的区域和地层是极具价值的。

图示人工仔细剔除掉的
标本周围岩石

星菊石未定种　*Astoceras* sp.

千万不要在野外直接从岩石上剥离化石，而是要从化石的周边剥离岩石。只要按着这个原则，在采集和整理时，就能把对标本的破坏程度降低到最小。保存菊石所有的部分，即使是非常小的部分，因为化石也是可以粘贴和修复的！戴上护目镜，使用锋利的凿子、冲压机以及实心重锤来敲碎岩石。然后再使用皮革的或者橡胶的槌棒、小冲压机以及小凿子进行精细工作。如果条件允许的话，请尽量采用气动工具，这是清除化石表面积淀的最好方法。

修理菊石化石的刺

　　如果菊石在大的岩石中，一般要用大锤子把它们敲开。如果岩石已有裂缝，那么就使用尖嘴锤或者凿子沿着裂缝撬开岩石。如果整个岩石是圆形实心的，那么就需要用锤子来敲破岩石。

　　如果是压扁的岩石，那么要把它们立起来沿着纵向打开。如果菊石被发现于层状的沉积物中，例如石灰石和砂岩中，那么就要把岩层从上到下一层一层地剥离。使用凿子、鹤嘴锄、撬杆以及锤子之类的工具，按照上面提到的方法来处理它们。

　　当标本松散地出现在页岩中时，没有足够的硬岩石包裹的话，需要在收集时用胶粘住。通常先把标本外围的大块岩石去掉，从标本上面的部分开始；然后小心地用小刀和毛刷除去标本周围的页岩。

笔者在法国采集的菊石和鹦鹉螺化石

整个标本被清理干净后，粘连所有破碎的部分，尽量避免粘上灰尘或其他碎屑。通常如果一个易碎的标本开始破碎，就会不可避免地把灰尘一起粘上，在这种情况下，就要尽量减少胶水的用量，并小心地用小刀刮掉异物。在收藏和处理菊石化石的时候，一般用专用的氰基丙烯酸胶水，它可以一次性有效地粘住标本。为避免标本可能以后松开，最好在第一次就把它粘好。一旦菊石标本被发现并收藏，就不用担心它们会被风化，通常没有必要人为使之固定。

当然，凡事都有例外。有些标本被黄铁矿或白铁矿（硫化铁）所充斥，这些金属矿不稳定、易脱落。避免这种情况发生的较好的方法就是用一定浓度的双氧水清洗标本后，再使用专用的渗透剂固定。笔者成功用这个方法处理了很多菊石标本。

第四节　菊石装饰品

菊石作为天然的材料，越来越受到大家的喜爱，很多珠宝公司采用菊石作为珠宝的主角。菊石的独一无二和不可再生决定了它们的稀缺性。

菊石制成的项链和钥匙扣

近些年来，珠宝商和工匠们开始选择使用不同的天然材料来制作珠宝。菊石天然美丽，适宜做高质量的、独特的珠宝。有一些珠宝大师用整块迷人的菊石作为材料；而有一些则颇具创意，只用小片或部分菊石来做珠宝。

当光捕捉并反射菊石美丽的颜色的时候，它的壳的彩虹色同蛋白石（澳宝）很像。加拿大一家公司开采菊石，并且把它们制成一些漂亮的、令人难以置信的珠宝，称作彩斑宝石（Ammolite）。彩斑宝石色彩犹如火焰般绚丽，比澳大利亚最好的澳宝的色彩还要丰富。

彩斑宝石的首饰

另外一种新的珠宝设计是采用方解石化的菊石碎片，从不同的角度切割这些碎片，会产生令人难以置信的效果。它们自然天成，几何图案似抽象艺术。珠宝商用这些碎片创造出了最不寻常且最迷人的杰作。

参考文献

郭佩霞，1982．苏、皖早三叠世晚期菊石的发现［J］．古生物学报（5）：59-123．

何国雄，王予卯，1997．广西西北部拉丁期菊石群［J］．古生物学报，36（3）：334-339．

李岩，孙作玉，孙元林，等，2013．云南省东部罗平地区晚三叠世卡尼期菊石生物地层［J］．北京大学学报（自然科学版），49（3）：471-479．

梁希洛，1982．二叠纪菊石的新材料——再论araxoceratidae的发源、迁移及paratirolites的层位［J］．古生物学报，22（6）：606-617．

牛志军，徐光洪，马丽艳，2003．长江源各拉丹冬地区上三叠统巴贡组沉积特征及菊石生物群［J］．地层学杂志，27（2）：129-133．

盛怀斌，1984．新疆纸房地区的一个早石炭世菊石动物群［J］．地质学报（4）：15-89．

盛怀斌，曲景川，1991．西藏仲巴地区的一个晚泥盆世菊石动物群［J］．地球学报（1）：179-189．

孙云铸，朱广明，刘桂芳，等，1980．广东开恩地区下侏罗统菊石群的研究［J］．古生物学报（2）：116-118．

童金南，Yuri Zakharov D.，吴顺宝，2004．安徽巢湖地区早三叠世菊石序列［J］．古生物学报，43（2）：192-204．

王明倩，1981．新疆东部石炭纪菊石［J］．古生物学报（5）：88-128．

王义刚，1983．黔西南法郎组菊石［J］．古生物学报（2）：153-164．

王义刚，1984．论苏、浙一带三叠纪最早期的菊石群及二叠系—三叠系界线的定义［J］．古生物学报，23（3）：3-145．

王义刚，张静，1994．黑龙江东部龙爪沟群七虎林组菊石之修定［J］．古生物学报，33（4）：509-517．

吴望始，曾采麟，1982．新疆巴里坤早石炭世菊石相的珊瑚［J］．古生物学报，21（2）：4-132．

许德佑，1944．贵州之中三叠纪菊石化石［J］．地质论评，9：275-280．

杨逢清，1992．华南晚二叠世长兴期菊石古生态初探［J］．古生物学报（3）：360-370．

杨逢清，张义杰，1986．华南长兴期菊石动物群的分区及演化特点［J］．地质学报（4）：3-12．

伊海生，王成善，林金辉，等，2005．藏北安多地区侏罗纪菊石动物群及其古地理意义［J］．地质通报，24（1）：41-47．

阴家润，2005．西藏北部安多地区中侏罗统（巴通阶—卡洛夫阶）菊石［J］．古生物学报，44（1）：1-14．

阴家润，2005．西藏喜马拉雅瑞替阶和赫塘阶菊石组合及其生物年代学对比［J］．地质学报，79（5）：577-586．

阴家润，万晓樵，1996. 侏罗纪菊石形态——特提斯喜马拉雅海的深度标志 [J]. 古生物学报（6）：734-751.

阴家润，张启华，1996. 西藏南部普普嘎剖面托尔阶和阿连阶的菊石 [J]. 古生物学报（1）：72-79.

张宗言，何卫红，张阳，等，2009. 湖南桑植县仁村坪上二叠统—下三叠统底部菊石动物群序列及其区域对比 [J]. 地质科技情报（1）：23-30.

赵金科，1955，广西二叠纪几种菊石及其意义 [J]. 古生物学报（2）：55-78.

赵金科，1966. 中国南部二迭系菊石层 [J]. 地层学杂志（2）：170-187.

赵金科，1980. 环叶菊石科的起源、分类及演化 [J]. 古生物学报，19（2）：20-119.

赵金科，郑灼官，1977. 浙西、赣东北早二叠世晚期菊石 [J]. 古生物学报，16（2）：217-261.

周祖仁，1985. 二叠纪菊石的两种生态类型 [J]. 中国科学，15（7）：648-657.

周祖仁，1987. 阿谢尔期菊石在中国的首次发现——兼论二叠系下界 [J]. 古生物学报，26（2）：22-126.

周祖仁，朱德寿，李富玉，等，1995. 华南二叠纪茅口期的边缘海域及菊石群 [J]. 古生物学报（5）：525-548.

Batt R, 1993. Ammonite morphotypes as indicators of oxygenation in a Cretaceous epicontinental sea[J]. Lethaia, 26(1):49-63.

Bayer U, Jr G R M,1984. Iterative evolution of Middle Jurassic ammonite faunas[J]. Lethaia, 17(1):1-16.

Guex J , Bartolini A , Atudorei V , et al., 2004 High-resolution ammonite and carbon isotope stratigraphy across the Triassic–Jurassic boundary at New York Canyon (Nevada)[J]. Earth and Planetary Science Letters, 225(1-2):1-41.

Hancock J M, 1991 . Ammonite scales for the Cretaceous system[J]. Cretaceous Research, 12(3):259-291.

Jacobs D K , Landman N H , Chamberlain J A , 1994. Ammonite shell shape covaries with facies and hydrodynamics: Iterative evolution as a response to changes in basinal environment[J]. Geology, 22(10):905.

Lehmann Ulrich, 1981.The Ammonites: Their life and their world[M]. New York: Cambridge University Press. Translated from German by Janine Lettau.

Mcarthur J M , Donovan D T , Thirlwall M F , et al., 2000. Strontium isotope profile of the early Toarcian (Jurassic) oceanic anoxic event, the duration of ammonite biozones, and belemnite palaeotemperatures[J]. Earth & Planetary Science Letters, 179(2):269-285.

Raup D M , Crick R E ,1981. Evolution of single characters in the Jurassic ammonite Kosmoceras[J]. Paleobiology, 7(2):200-215.

Smith P L , Tipper H W , Taylor D G , et al., 1988. An ammonite zonation for the Lower Jurassic of Canada and the United States: the Pliensbachian[J]. Canadian Journal of Earth Sciences, 25(25):1503-1523.

Walker C, Ward D, 2002. Fossils[M]. London: Dorling, Kindersley Limited.

菊石赞（代后记）

菊石之美令人心驰神往，其来自远古的身姿既拥有着自然生灵共有的精致与灵动，更包含着时间所沉淀下来的厚重与沧桑，在此谨附张毅先生所作的《菊石赞》，敬菊石之瑰丽，敬自然之伟大。

菊石赞

张 毅

鸿蒙初辟的远古时代，上苍赐予地球无数的生灵。虽生机蓬勃，情趣盎然，却姗姗而来，匆匆而别。这个美丽星球曾是神奇菊石寄旅的伊甸园，胜地不常，盛筵难再，逝去令人叹惋。

斗转星移，沧海桑田，物竞天择，上下亿万年，时空一瞬间。

当喧腾的菊石归于沉寂，世人在浩瀚渺茫之中寻觅她的蛛丝马迹，可留给当今人类的，只有凸现在化石上那无助的沧桑凄美、无声的壮曲悲歌。

她们在灭顶之灾中铸成永恒，静静述说着生命的演化与珍灭。让我们在抚慰遗魂的同时，探求生命的起源、繁盛、消亡并深切感受大自然的美妙，还有那冷酷和严峻的警示。

她用散落在大地深处的躯骸，谱写着斑斓绚丽的生命进程和栩栩如生的生命之光，演绎出恢宏的乐章和奇妙的追索，当属最神奇的瑰宝。

当重返时光隧道，体味天造地设的菊石和那流传久远、奥妙神奇、博大精深的古老故事，心缘相通的人们会蓦然发现：

她是生命的足迹，追本溯源，钩深致远。

她是山川的灵体，方以类聚，有灵皆通。

她是日月的精华，原始返终，引粹积博。

她是地球的舍利，自天祐之，盛施雨露。

她是世界的宝典，经纶天地，倾史垂今。

俯仰古今，紫气东来，共享自然界的内在和谐。

千载应期，万灵敷佑，须此风景，这些精灵何日再现？

图书在版编目（CIP）数据

遇见消失的螺旋：菊石/田莹，张晓宇编著. —
北京：中国农业出版社，2021.12
ISBN 978-7-109-26382-6

Ⅰ.①遇⋯ Ⅱ.①田⋯ ②张⋯ Ⅲ.①菊石超目-普
及读物 Ⅳ.①Q959.216-49

中国版本图书馆CIP数据核字（2019）第296710号

遇见消失的螺旋——菊石
YUJIAN XIAOSHI DE LUOXUAN——JUSHI

中国农业出版社
地址：北京市朝阳区麦子店街 18 号楼
邮编：100125
责任编辑：王金环
版式设计：北京八度出版服务机构
责任校对：吴丽婷
印刷：北京中科印刷有限公司
版次：2021 年 12 月第 1 版
印次：2021 年 12 月北京第 1 次印刷
发行：新华书店北京发行所
开本：880mm×1230mm 1/16
印张：7.5
字数：150 千字
定价：68.00 元